21世纪高职高专机械系列规划教材

机械制图习题集

主　编　王晨曦

副主编　王继龙　宋振宁

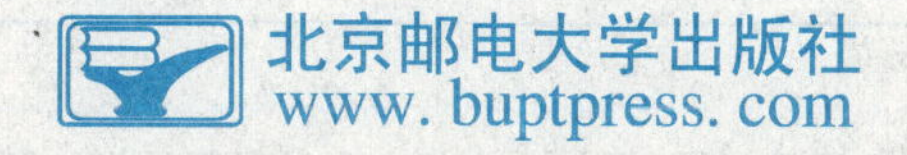

北京邮电大学出版社
www. buptpress. com

内容简介

本习题集与王晨曦主编的《机械制图》教材配合使用。为了方便教学和学习，习题集的编写顺序与教材一致。

本套教材主要研究绘制与阅读工程图样的理论及方法，着重培养学生的绘图技能和空间想象力，在保证教学质量的前提下切实有效地提高教学效率。

本习题集共分十二个模块，主要内容包括制图的基本知识与技能，投影法的基本知识，点、直线、平面的投影，立体的投影，立体表面的交线，组合体，轴测投影，机件的常用表达方法，标准件和常用件，零件图，装配图，计算机绘图基础。

本习题集可供高职高专机械等专业使用，也可供相关技术人员参考。

图书在版编目(CIP)数据

机械制图习题集/王晨曦主编.—北京:北京邮电大学出版社,2012.5

ISBN 978-7-5635-2982-7

Ⅰ.①机…　Ⅱ.①王…　Ⅲ.①机械制图—高等学校—习题集　Ⅳ.①TH126-44

中国版本图书馆CIP数据核字(2012)第067532号

书　　名：机械制图习题集

主　　编：王晨曦

责任编辑：欧阳文森　王晓磊

出版发行：北京邮电大学出版社

社　　址：北京市海淀区西土城路10号(邮编:100876)

E-mail：publish@bupt.edu.cn

经　　销：各地新华书店

印　　刷：北京振兴源印务有限公司

开　　本：787 mm×1 092 mm　1/16

印　　张：12

字　　数：155千字

版　　次：2012年5月第1版　2012年5月第1次印刷

ISBN 978-7-5635-2982-7　　　　定　价：25.00元

前言

工程图样是工程技术人员用来表达设计思想、进行技术交流及指导生产的重要技术文件与依据，被喻为“工程界的语言”，因此，掌握工程图样的绘制及阅读是一名工程技术人员必须具备的最基本素质和能力。

本习题集与王晨曦主编的《机械制图》教材配合使用。为了方便教学和学习，习题集的编写顺序与教材一致。

本套教材主要研究绘制与阅读工程图样的理论及方法，着重培养学生的绘图技能和空间想象力，在保证教学质量的前提下切实有效地提高教学效率。

根据学生的特点及学时要求，本套教材重点放在正投影法基础、读图及画图能力的培养上；力求联系实际，内容精炼、深入浅出、层次分明、图文并茂，符合学习者的认识规律，便于教学和自学。教材的内容和体系具有科学性、启发性和实用性，且全部采用最新颁布的“技术制图”、“机械制图”等国家标准。

本习题集共分十二个模块，主要内容包括制图的基本知识与技能，投影法的基本知识，点、直线、平面的投影，立体的投影，立体表面的交线，组合体，轴测投影，机件的常用表达方法，标准件和常用件，零件图，装配图，计算机绘图基础。

本习题集由王晨曦副教授任主编，王继龙副教授、宋振宁任副主编。其中，模块一、模块二、模块三、模块六、模块八、模块十由王晨曦编写；模块四、模块十二由王继龙编写；模块九由刘生编写；模块五、模块七、模块十一由宋振宁编写。此外，本教材的编写还得到了许多老师的帮助和支持，在此谨表感谢。

由于编者水平有限，加之时间仓促，书中难免存在不足之处，恳请读者批评指正。

编者

目　录

模块一　制图的基本知识与技能

任务一　字体练习　　班级　　姓名　　学号

字体端正笔画清楚排列整齐

间隔均匀横平竖直注意起落

结构匀称填满方格长仿宋字

制图校核比例件数班级姓名

技术要求铸件尺寸装配焊接

车铣刨磨焊铆热处理冷加工

01234567890123456789

ABCDEFGHIJKLMNOPQRST

UVWXYZ

abcdefghijklmnopqrstuvwxyz

ABCDEFGHIJKLMNOPQRSTUVWXYZ

abcdefghijklmnopqrstuvwxyz

任务二　尺寸标注	班级	姓名	学号

给下列图形标注尺寸。(尺寸数字直接从图中量取,并取整数)

(1)

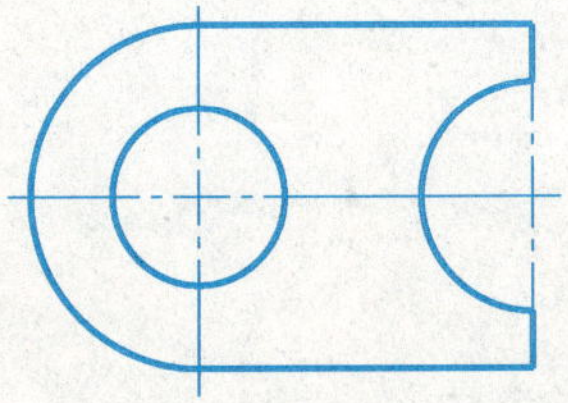

(2)

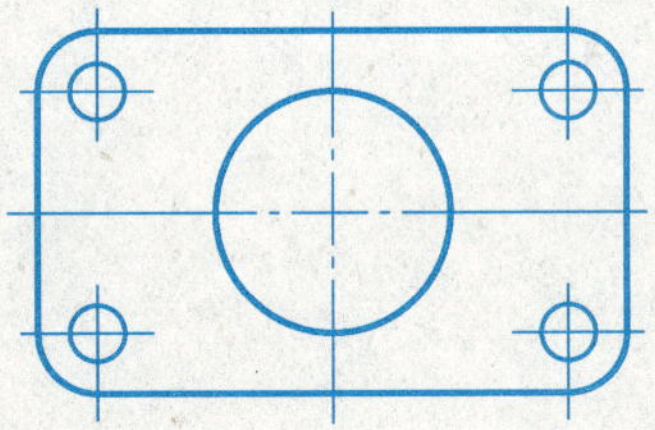

(3)

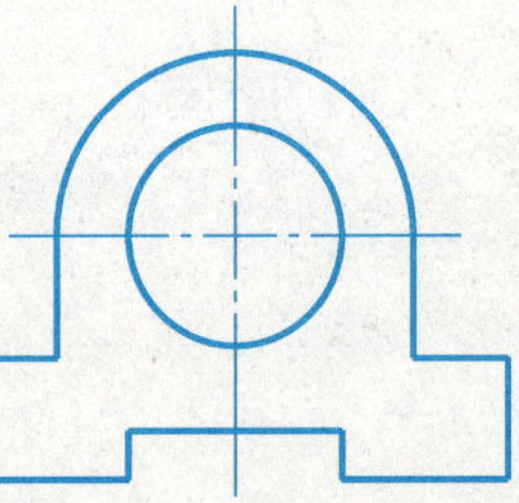

(4)

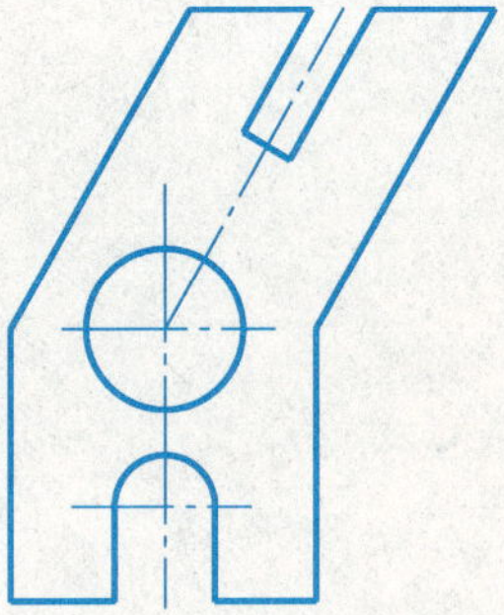

任务三　几何作图	班级	姓名	学号

按给定尺寸，画出下列图形。（比例 1∶1）

（1）

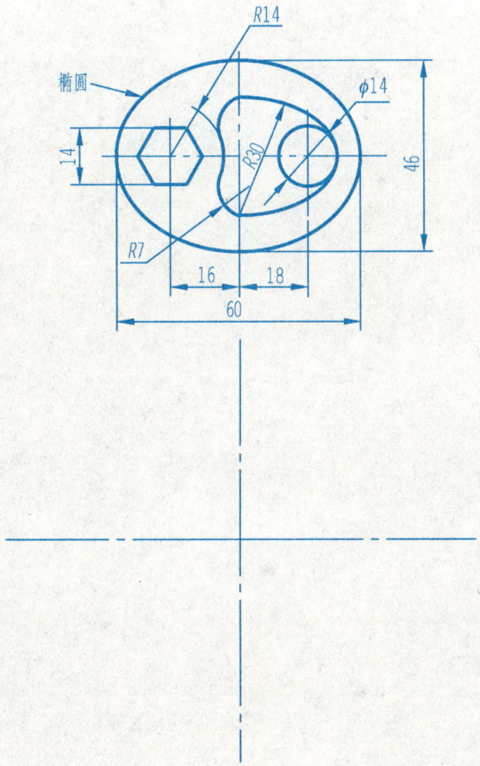

（2）

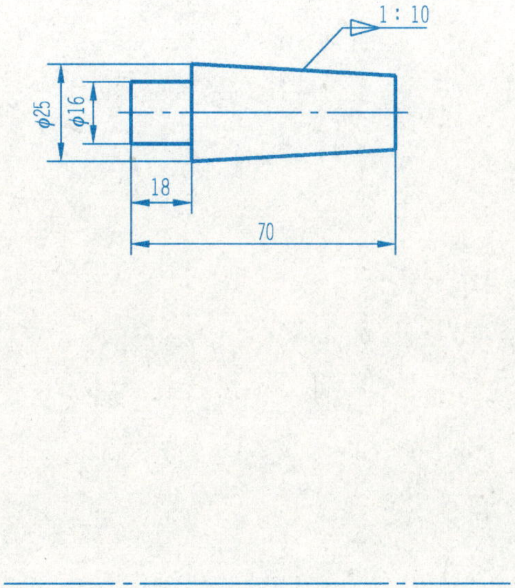

任务四　绘制平面图形(一)	班级	姓名	学号

在 A4 图纸上绘制下列图形。(比例 1∶1)

(1)

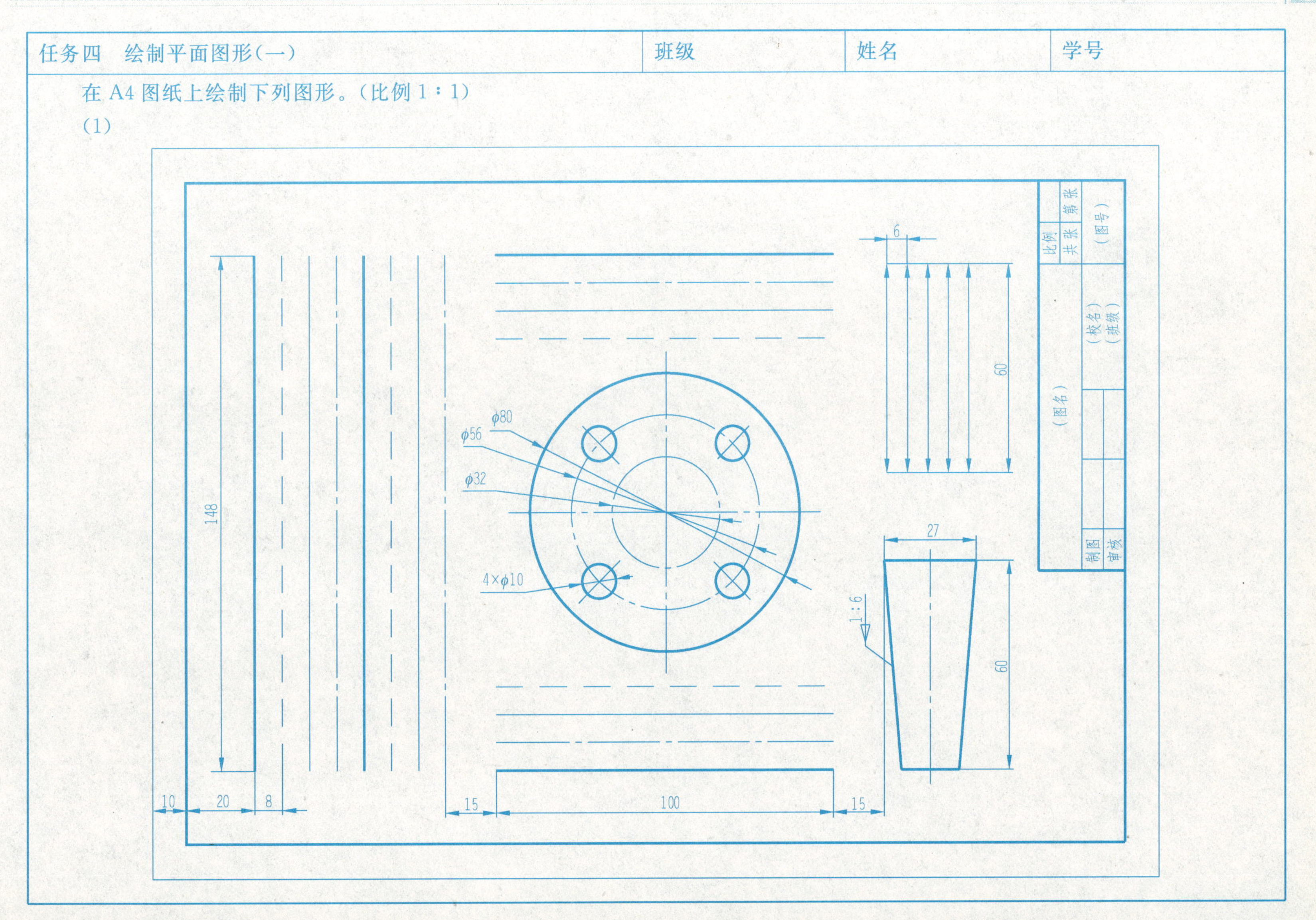

任务四　绘制平面图形（二）	班级	姓名	学号

（2）

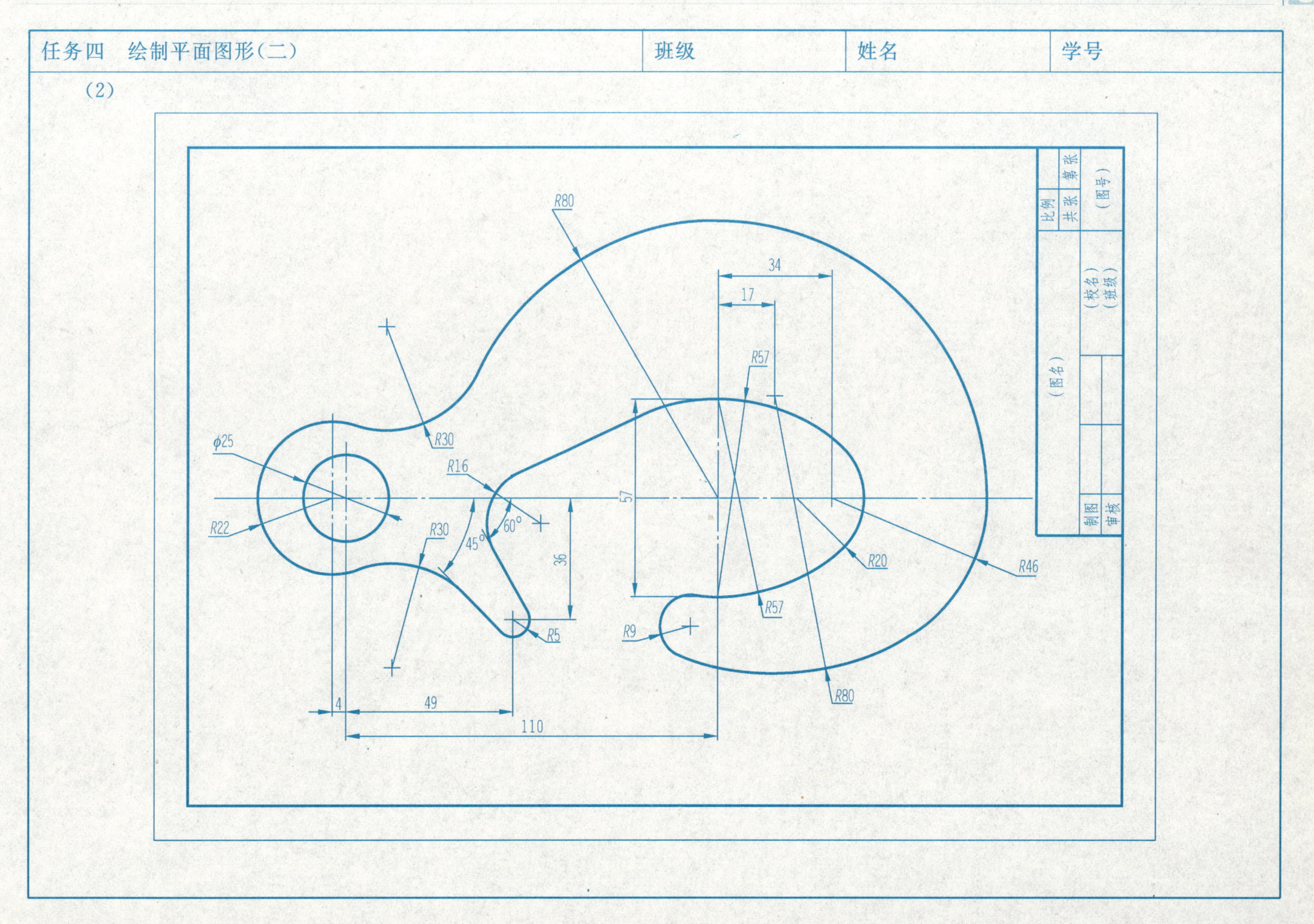

模块二　投影法的基本知识

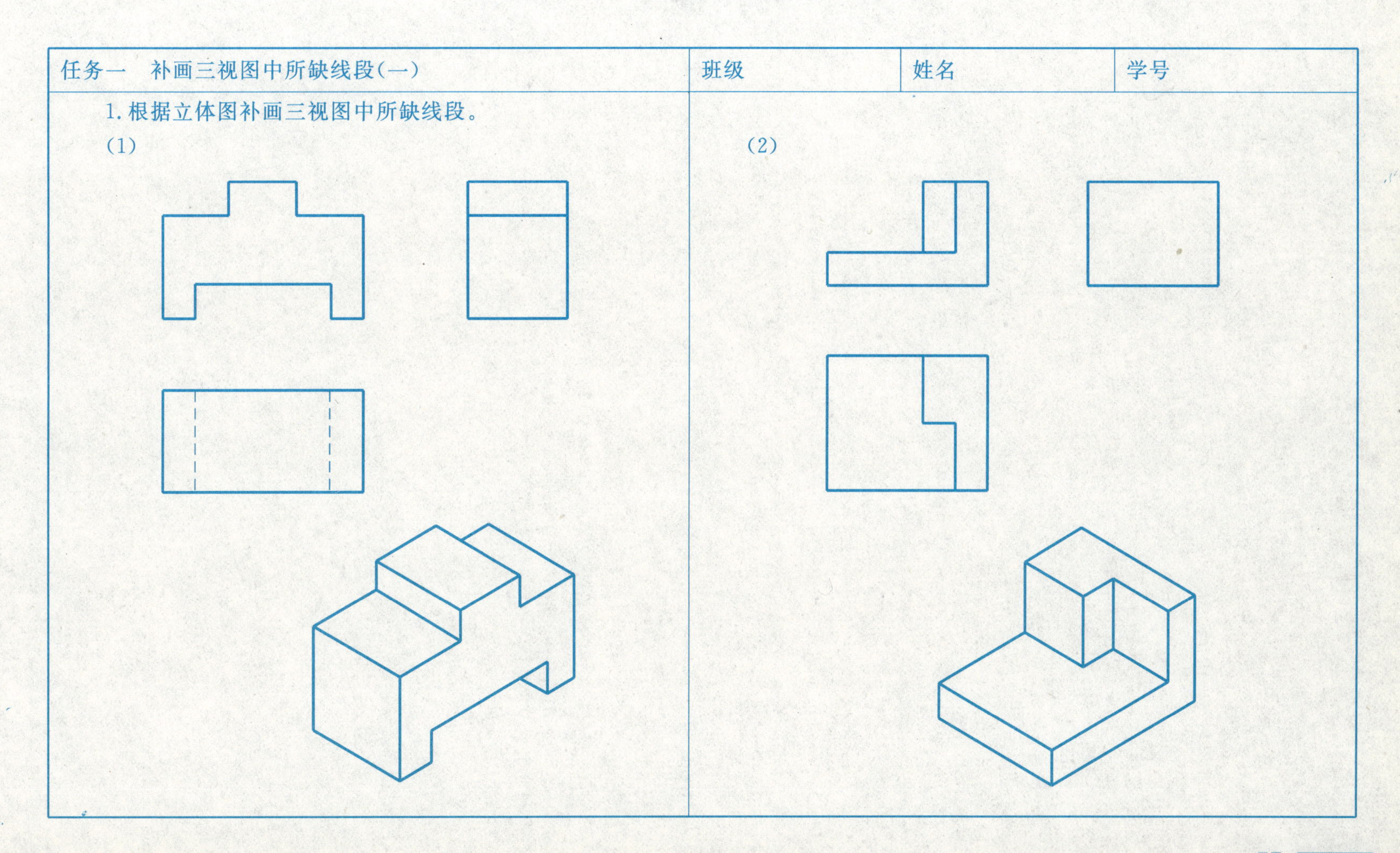

任务一　补画三视图中所缺线段(一)	班级	姓名	学号

1. 根据立体图补画三视图中所缺线段。

(1)

(2)

任务一　补画三视图中所缺线段(二)	班级	姓名	学号

(3)

(4)

任务一　补画三视图中所缺线段(三)	班级	姓名	学号

2. 找出与下列立体图对应的三视图，填表并补画其余视图。

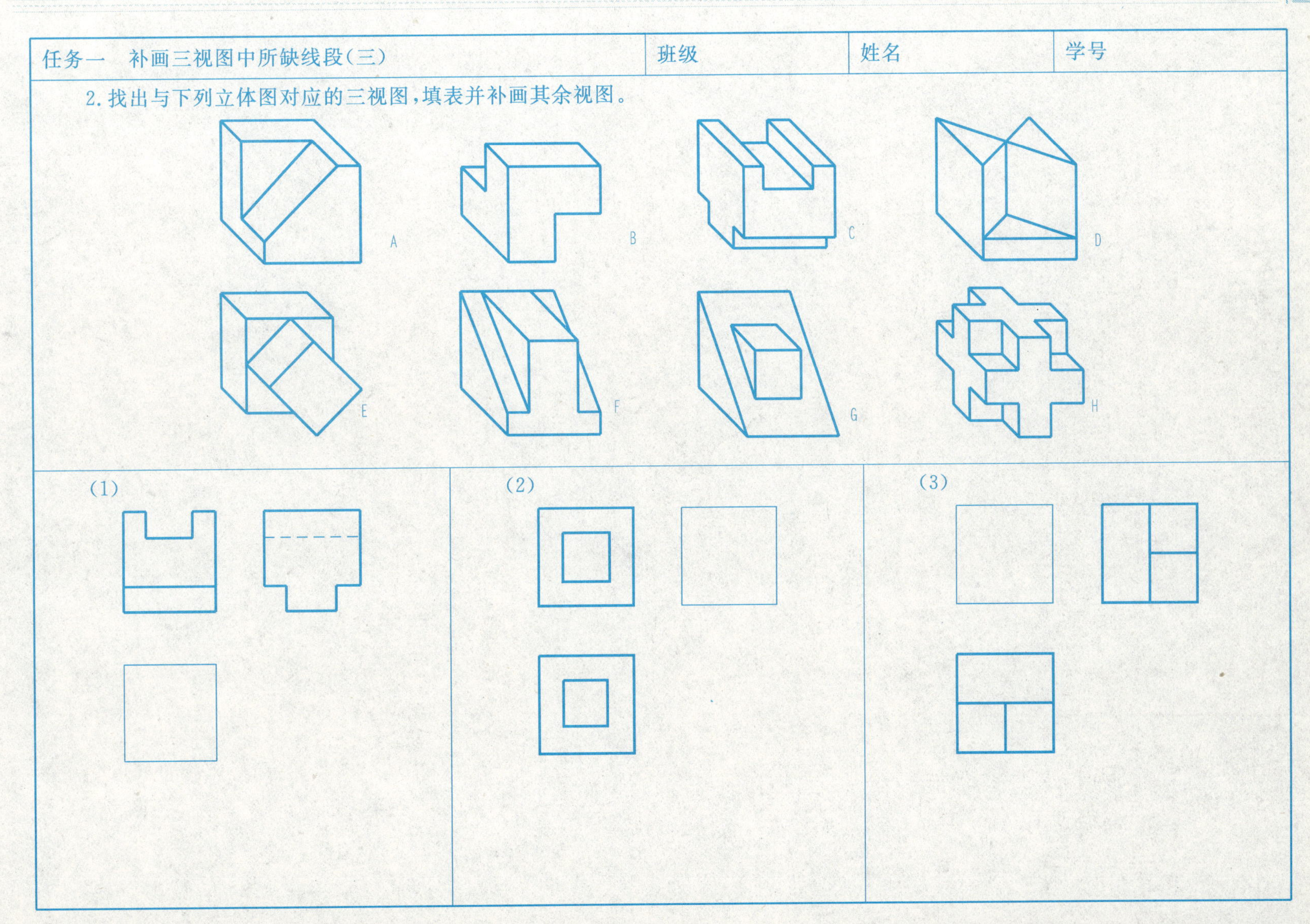

任务一　补画三视图中所缺线段(四)	班级	姓名	学号

(4)

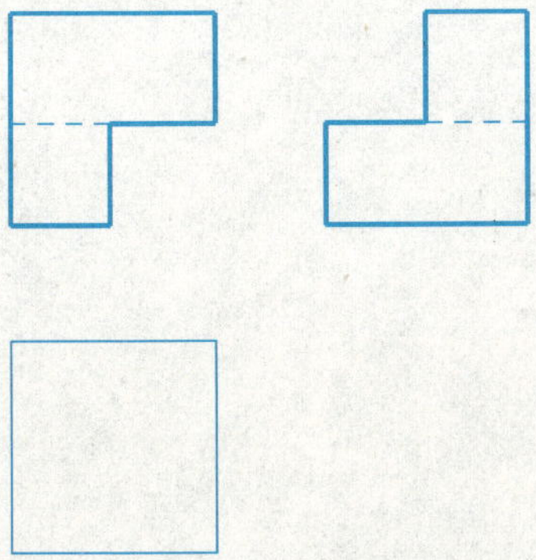

(5)

(6)

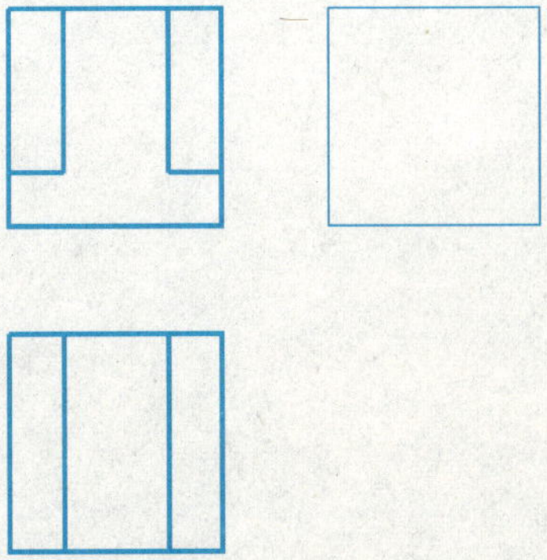

(7)

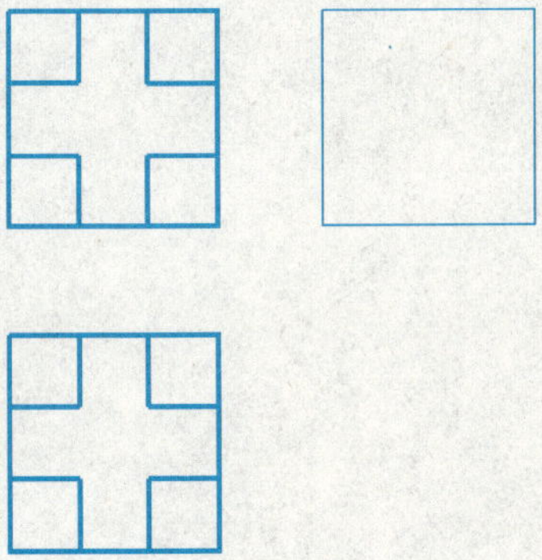

(8)

立体图	三视图
A	
B	
C	
D	
E	
F	
G	
H	

任务二　根据立体图绘制三视图(一)	班级	姓名	学号

根据下列立体图绘制三视图。(尺寸在图上量取)

(1)

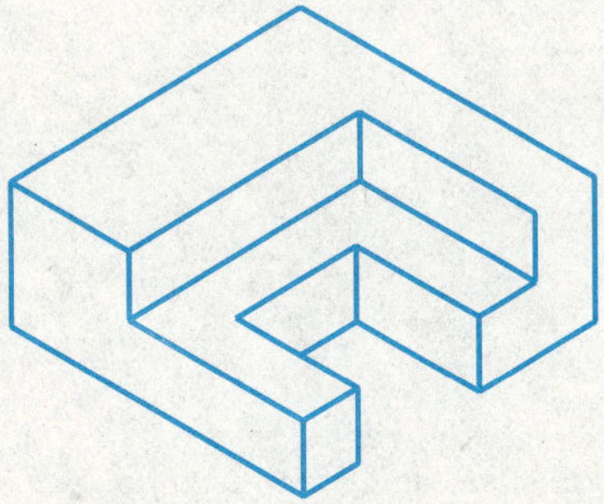

(2)

任务二　根据立体图绘制三视图(二)	班级	姓名	学号

(3)

(4)

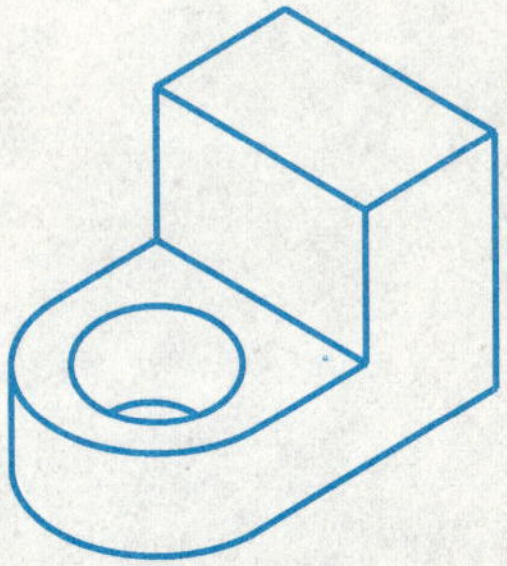

模块三　点、直线、平面的投影

任务一　求作点的投影(一)	班级	姓名	学号

1. 作点 $A(20,15,25)$ 和点 $B(15,0,20)$ 的三面投影和立体图。

2. 作 A、B、C 各点的第三投影，点 C 位于 H 面上。

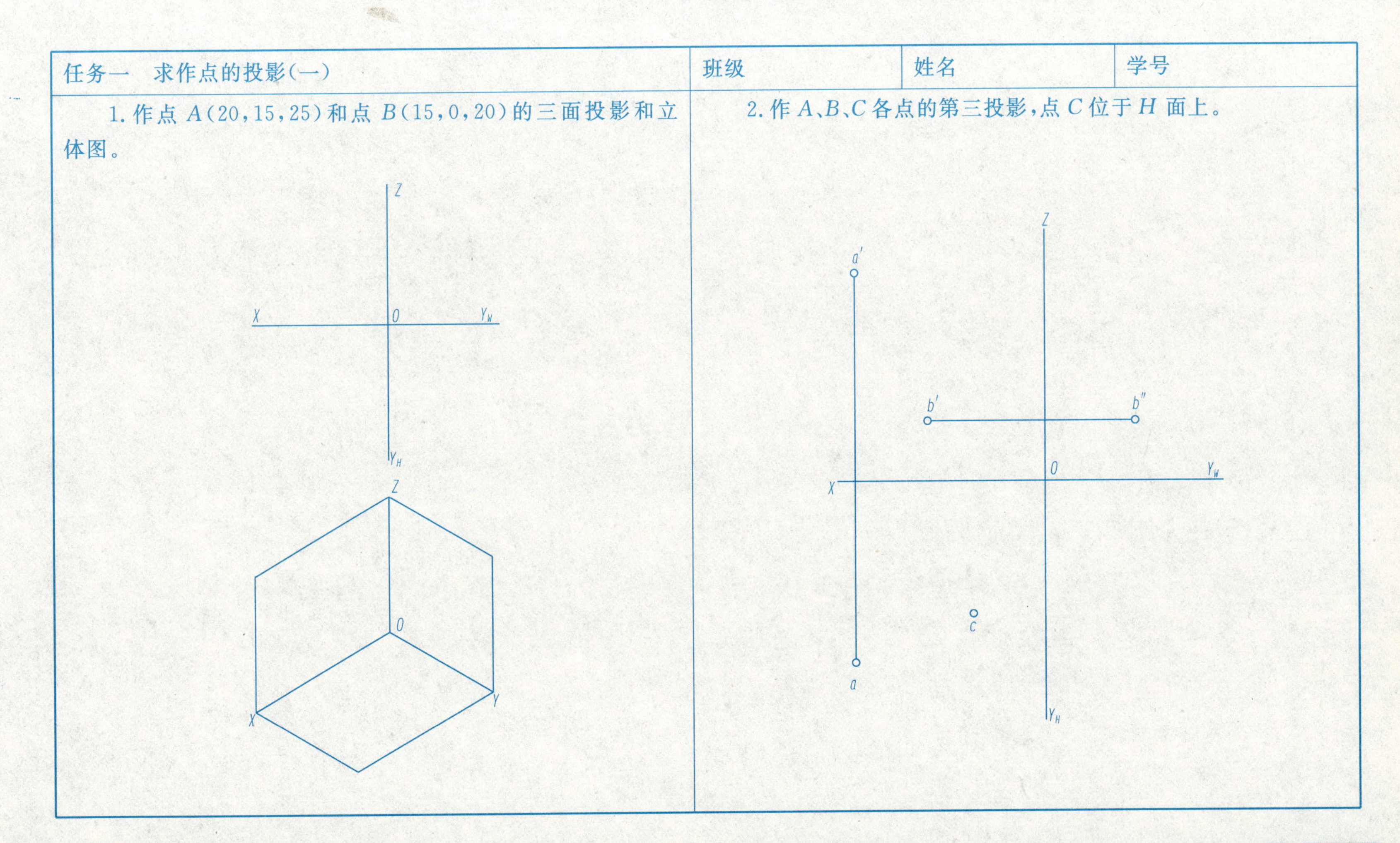

任务一　求作点的投影(二)	班级	姓名	学号

3. 完成下列各点的三面投影。点 A 在点 B 上方 35 mm,点 B 在点 A 前方 7 mm,点 C 在点 B 左方 15 mm。

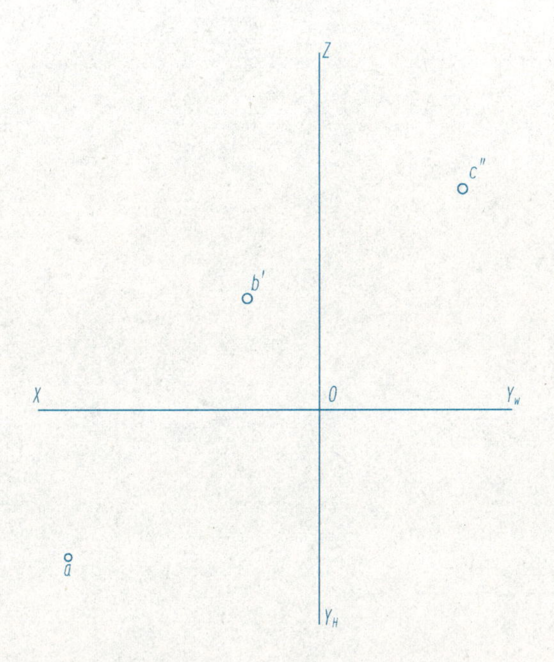

4. 已知点 B 距离点 A 左方 15 mm,点 C 与点 A 是对 V 面的重影点。补全各点的三面投影,并判别其可见性。

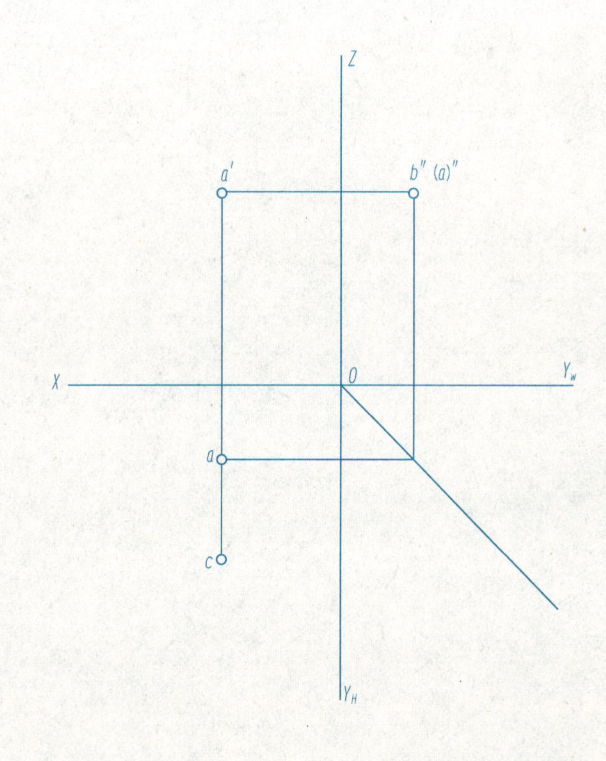

任务二　直线的投影(一)	班级	姓名	学号

1. 完成正平线 AB 的三面投影。

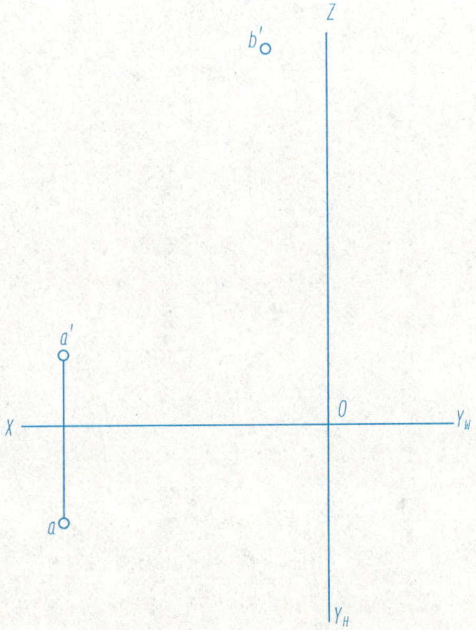

2. 完成直线 AB、CD、EF 的第三投影，并判断各直线与投影面的相对位置。

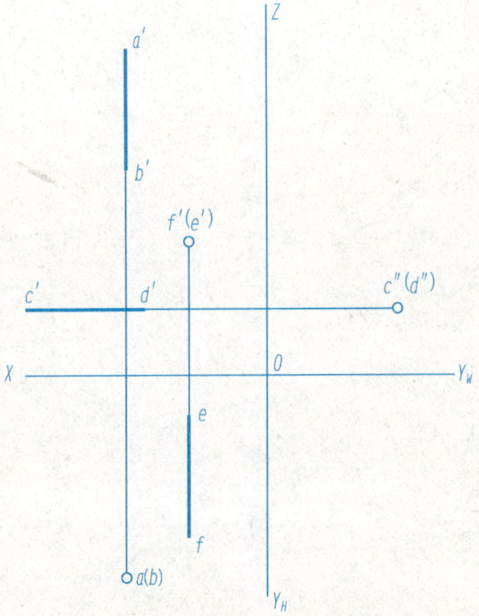

AB 是________线；CD 是________线；EF 是________线。

任务二　直线的投影(二)	班级	姓名	学号

3. 点 C 在直线 AB 上，且距 H 面 30 mm，求点 C 的投影。

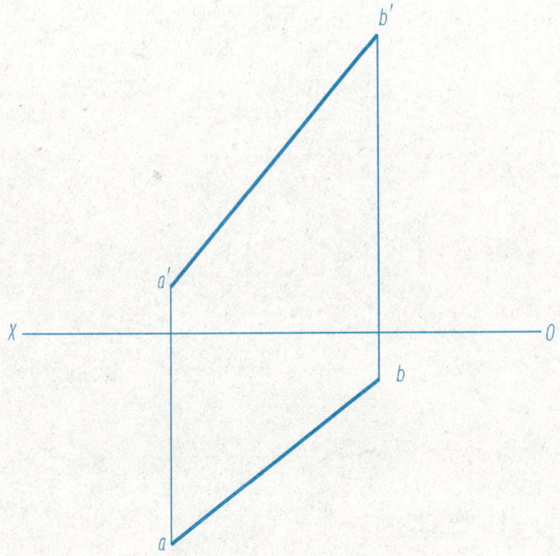

b′
a′
X　　　　O
b
a

4. 点 C 在直线 AB 上，且 $AC : CB = 2 : 5$，求点 C 的投影。

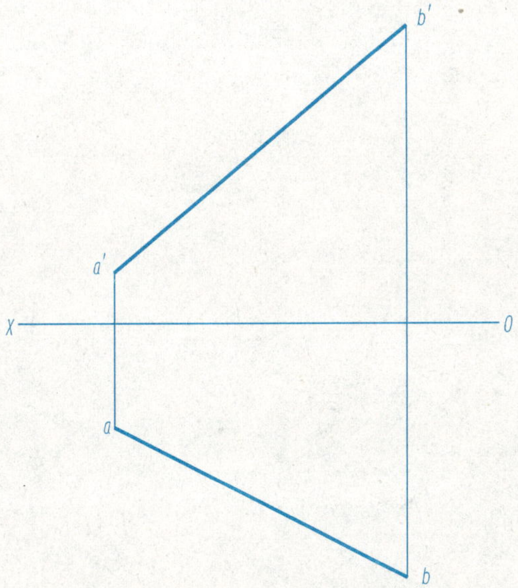

b′
a′
X　　　　O
a
b

任务三　两直线的相对位置(一)	班级	姓名	学号

1. 判断直线 AB 和 CD 的相对位置(平行、相交、交叉)。

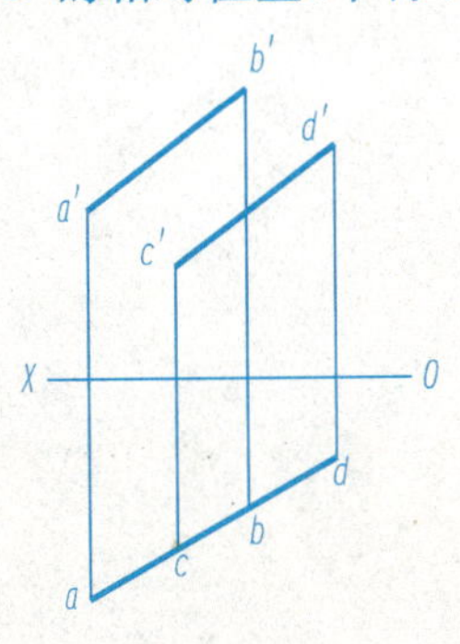

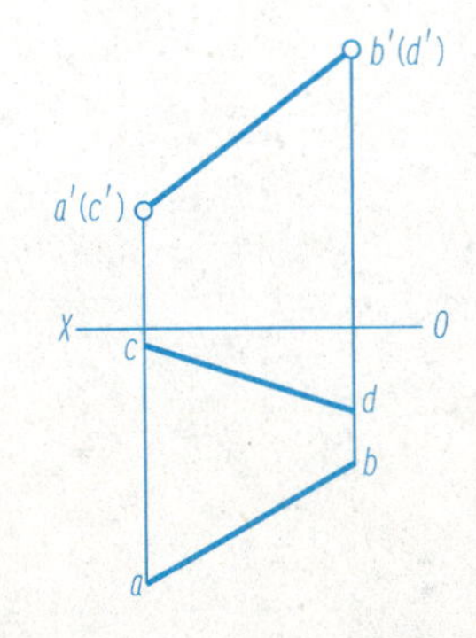

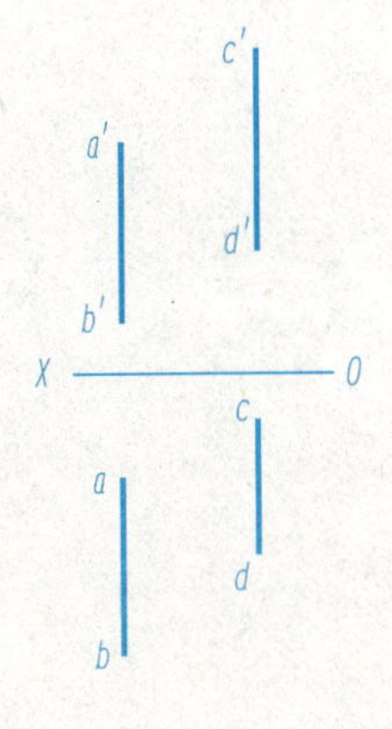

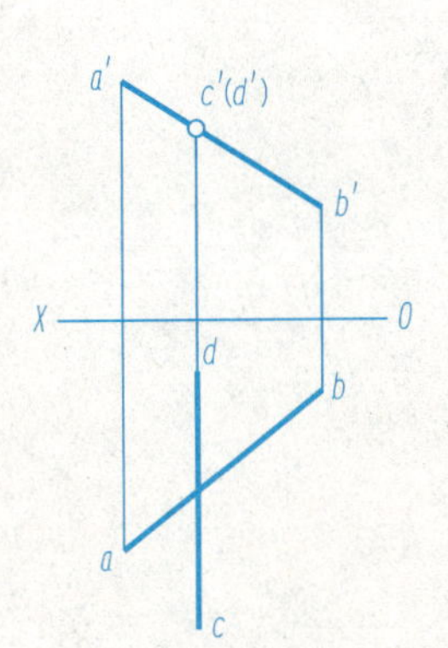

任务三　两直线的相对位置(二)	班级	姓名	学号

2. 过点 A 作一正平线 AB，使其与直线 CD 相交。

3. 已知直线 $CD/\!/AB$，完成直线 CD 的正面投影。

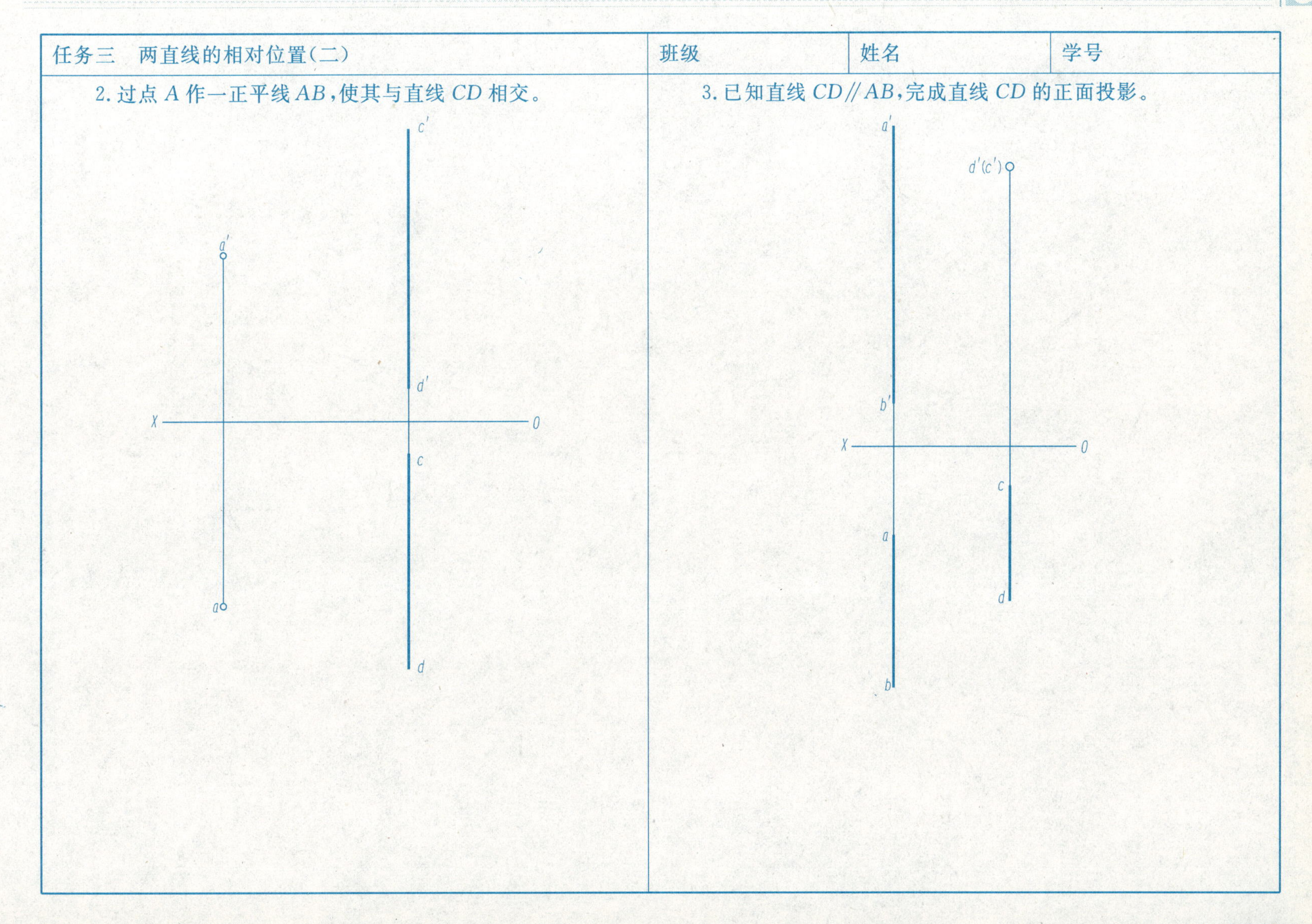

任务三　两直线的相对位置(三)	班级	姓名	学号

4. 作一直线平行于直线 AB，并与直线 CD 和 EF 相交。

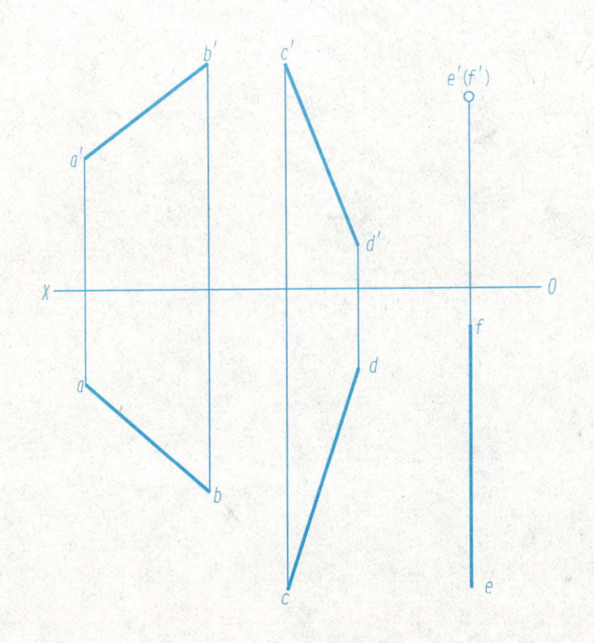

5. 作一直线平行于投影轴，并与直线 AB 和 CD 相交。

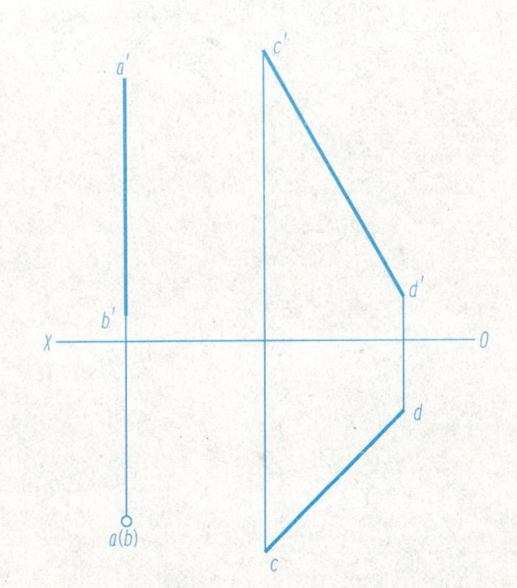

任务四　平面的投影(一)	班级	姓名	学号

1. 判断下列各图中的平面是什么位置平面。

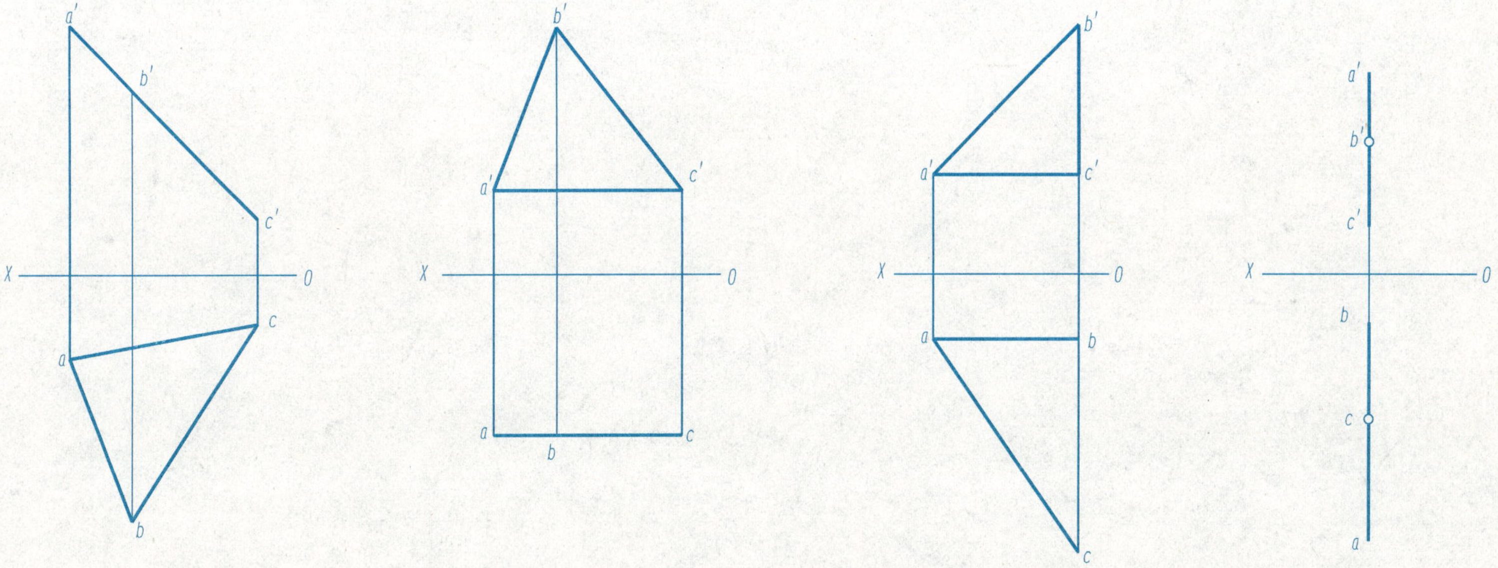

△ABC 是＿＿＿＿＿＿面；△ABC 是＿＿＿＿＿＿面；△ABC 是＿＿＿＿＿＿面；△ABC 是＿＿＿＿＿＿面。

任务四　平面的投影(二)	班级	姓名	学号

2. 过点 A 作直线平行于△BCD。

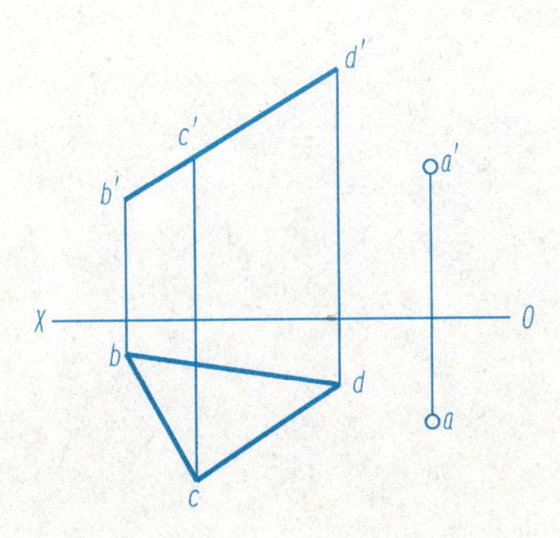

3. 过直线 AB 作△ABC 平行于△EFG。

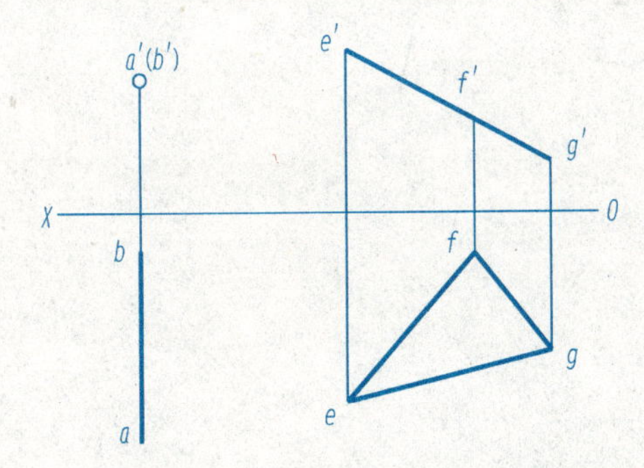

4. 点 K 和 L 属于△ABC，完成点 K 和 L 的投影。

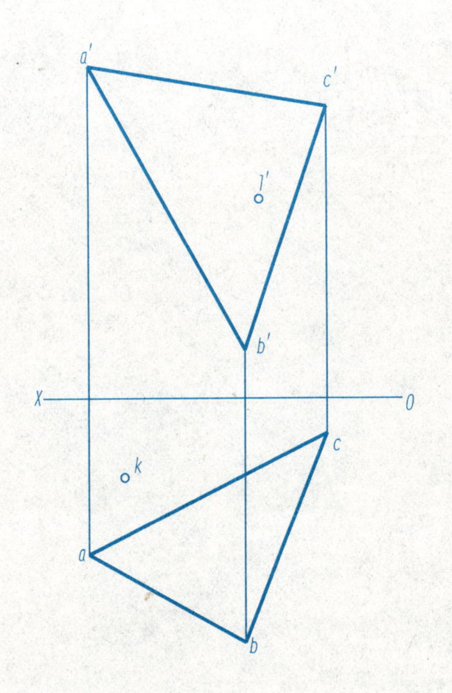

任务四　平面的投影(三)	班级	姓名	学号

5. 平面 $DEFG$ 属于△ABC，完成平面 $DEFG$ 的正面投影。

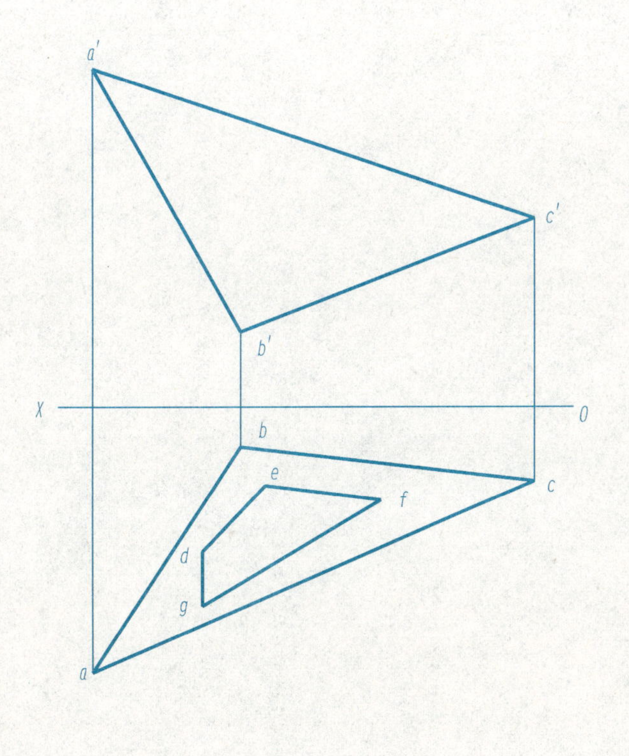

6. 完成平面 $ABCDE$ 的水平投影。

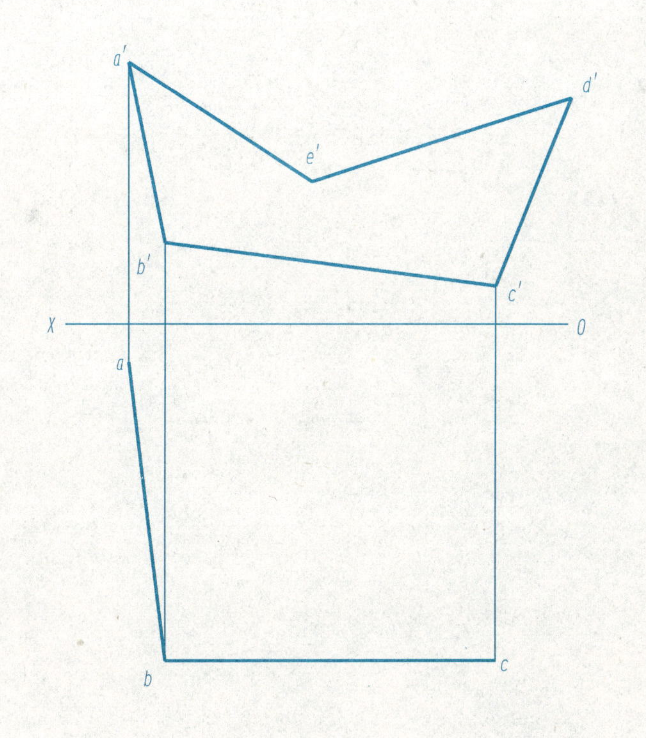

模块四　立体的投影

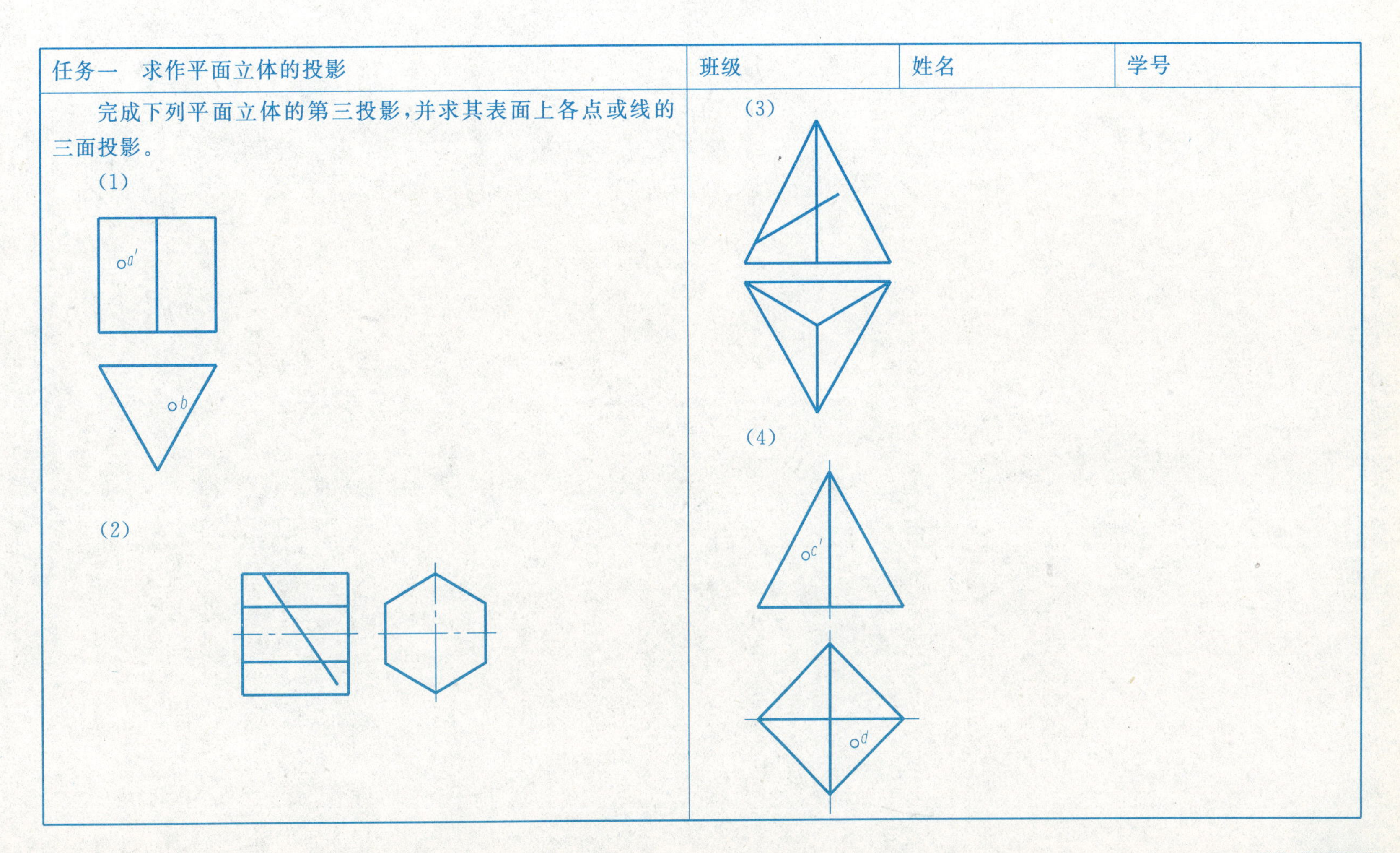

任务一　求作平面立体的投影
班级
姓名
学号
完成下列平面立体的第三投影，并求其表面上各点或线的三面投影。
(1)
a′
b
(2)
(3)
(4)
c′
d

任务二　求作曲面立体的投影(一)	班级	姓名	学号

完成下列曲面立体的第三投影，并求其表面上各点或线的三面投影。

(1)

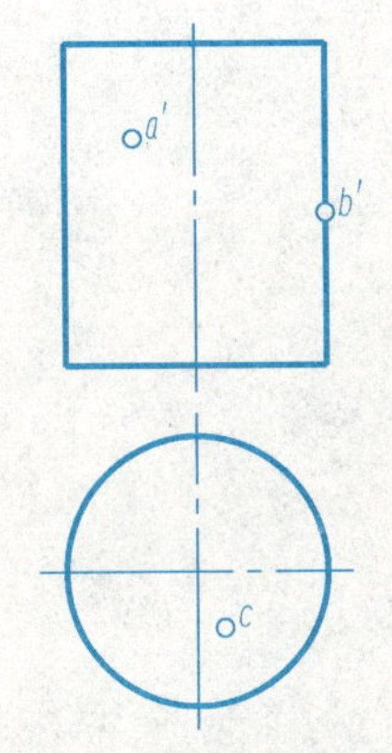

(2)

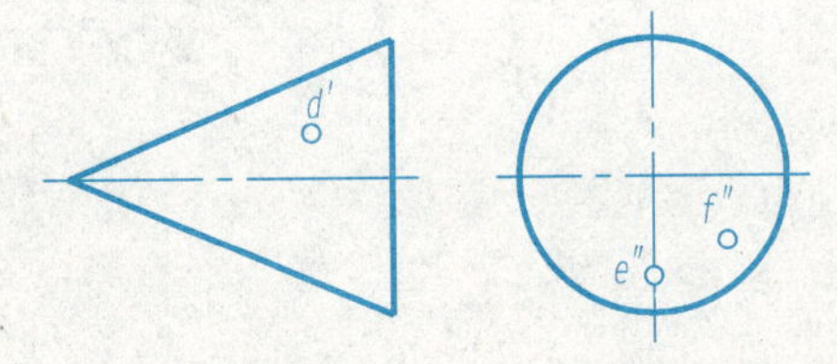

(3)

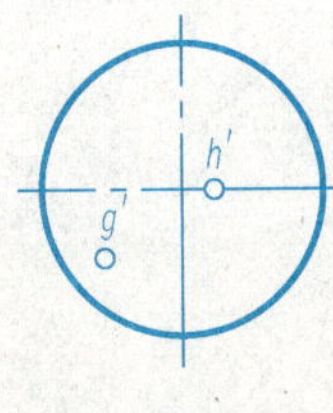

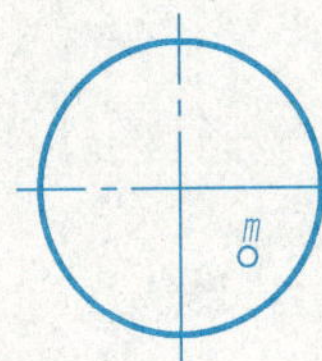

(4)

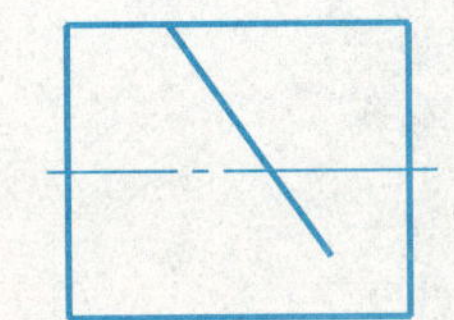

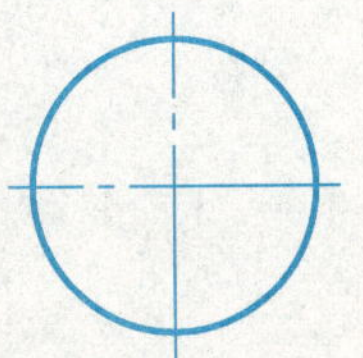

任务二　求作曲面立体的投影(二)	班级	姓名	学号

(5)

(6)

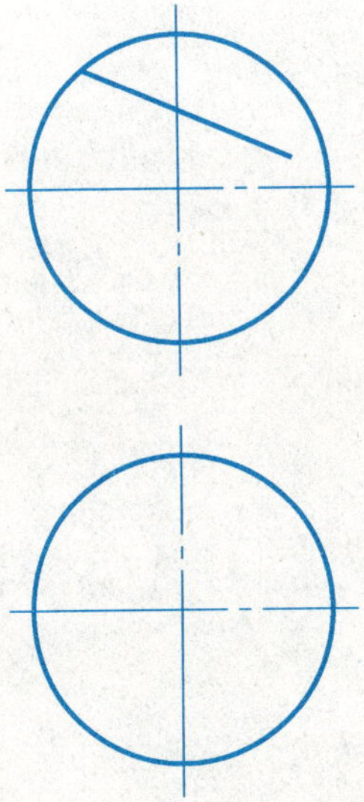

模块五 立体表面的交线

任务一 求作被切割平面立体的三面投影(一)	班级	姓名	学号

完成下列被切割平面立体的三面投影。

(1)

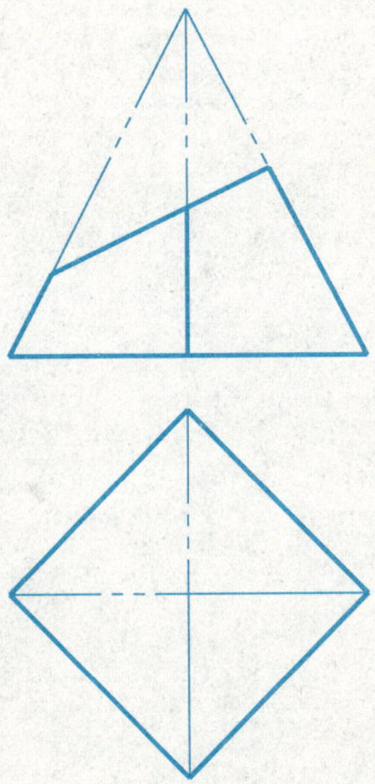

(2)

任务一　求作被切割平面立体的三面投影(二)	班级	姓名	学号

(3)

(4)

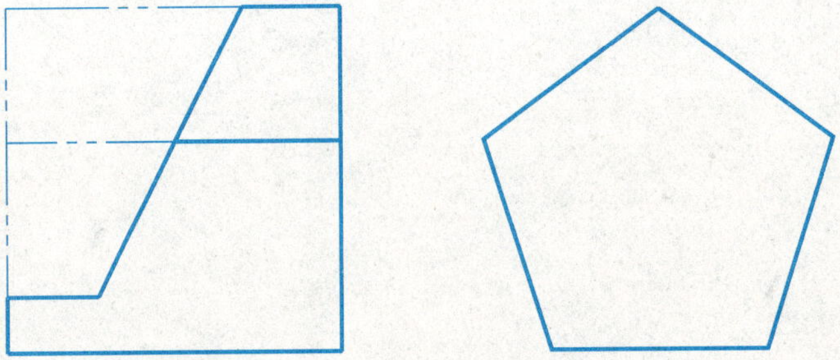

任务一 求作被切割平面立体的三面投影(三)	班级	姓名	学号

(5)

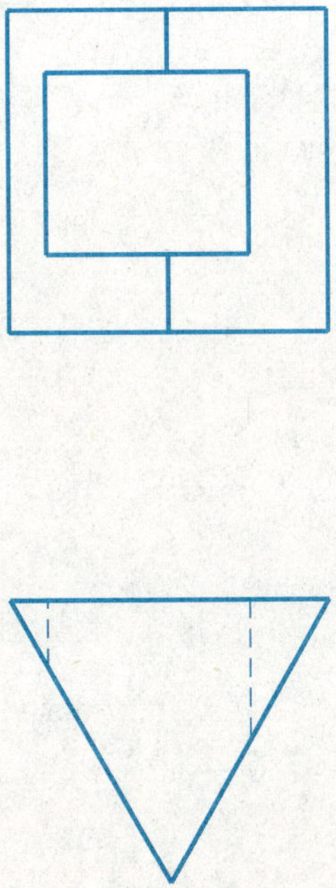

(6)

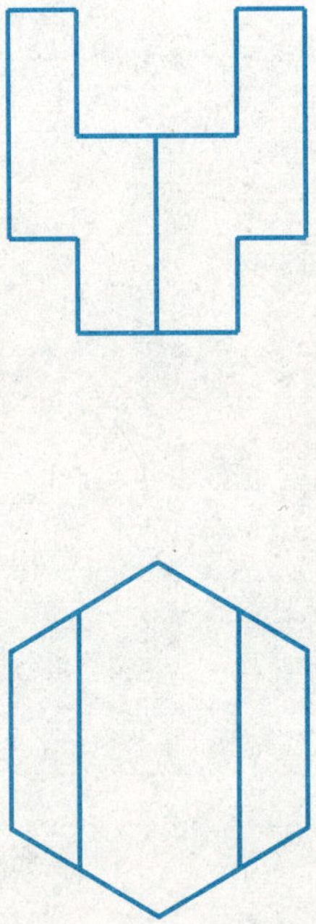

任务一　求作被切割平面立体的三面投影(四)	班级	姓名	学号

(7)

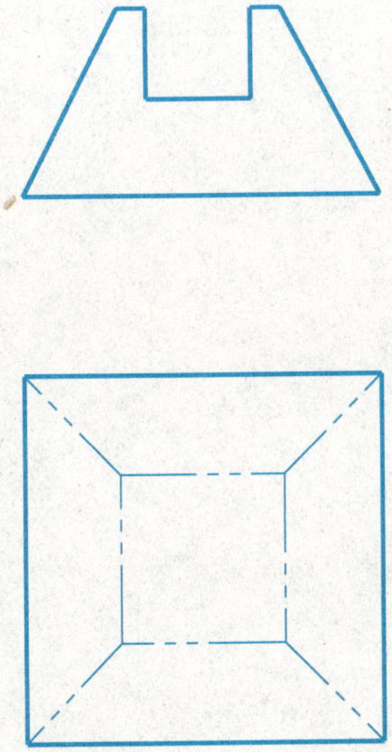

(8)

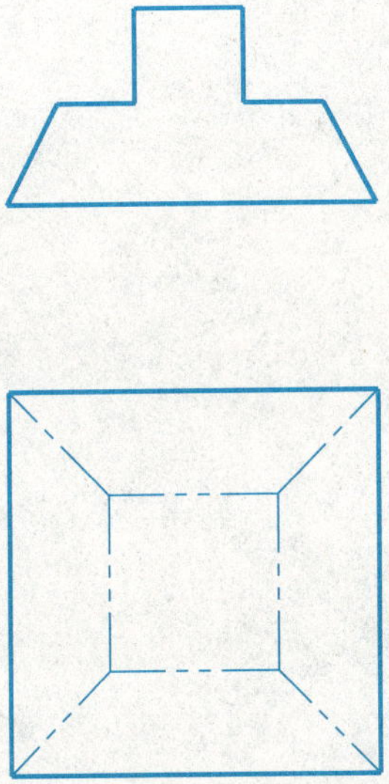

任务二　求作被切割曲面立体的三面投影(一)	班级	姓名	学号

完成下列被切割曲面立体的三面投影。

(1)

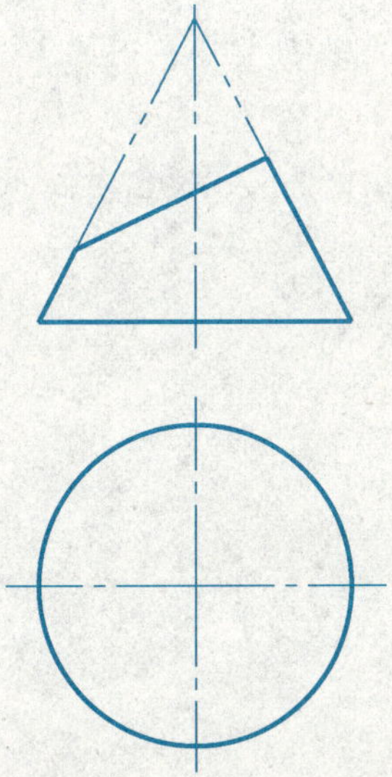

(2)

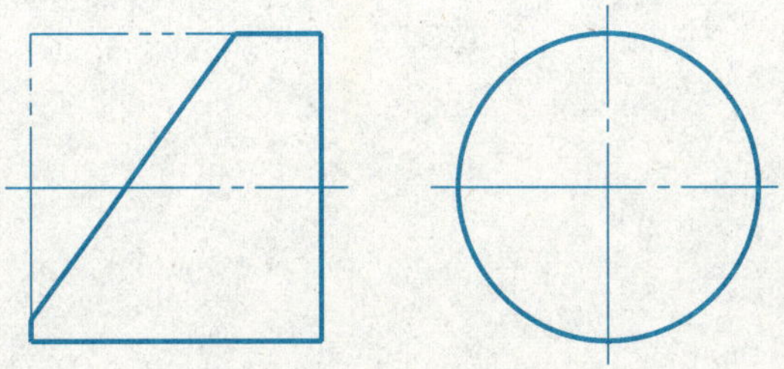

任务二　求作被切割曲面立体的三面投影(二)	班级	姓名	学号

(3)

(4)

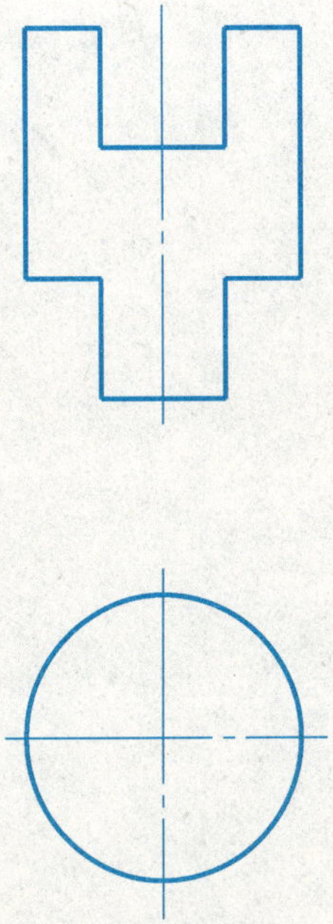

任务二　求作被切割曲面立体的三面投影(三)	班级	姓名	学号

(5)

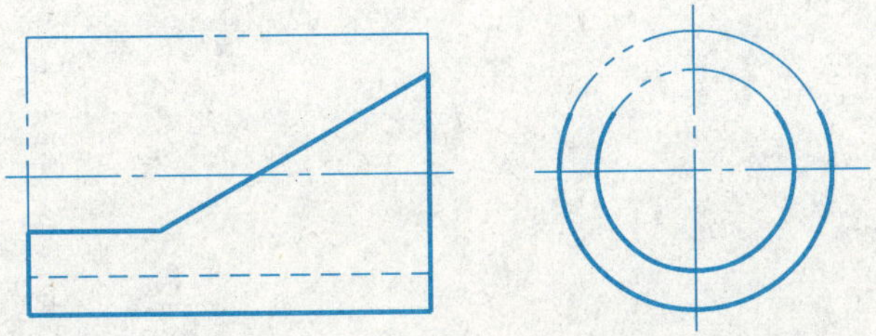

(6)

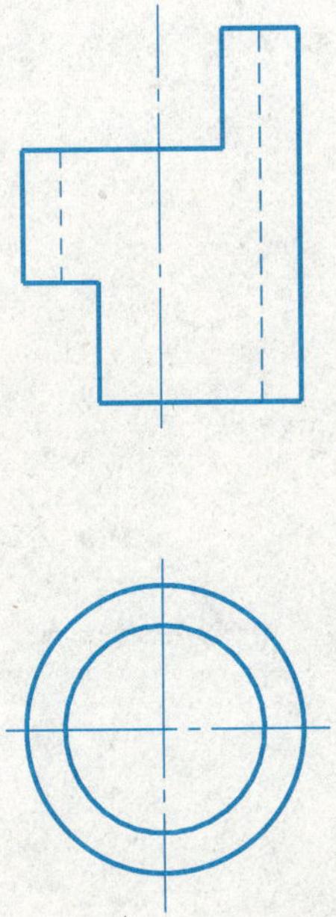

任务二　求作被切割曲面立体的三面投影（四）	班级	姓名	学号

（7）

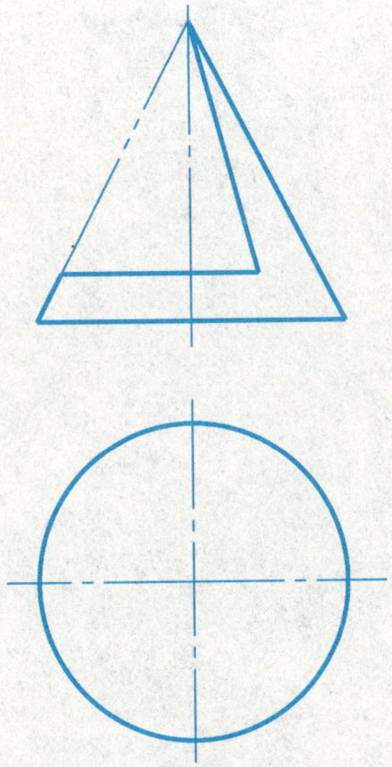

（8）

任务二 求作被切割曲面立体的三面投影(五)	班级	姓名	学号

(9)

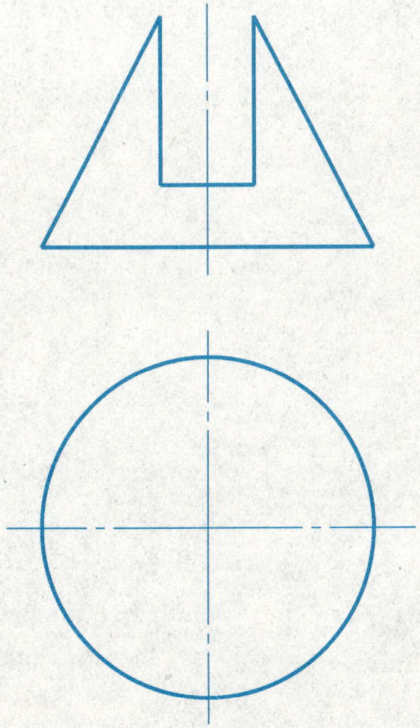

(10)

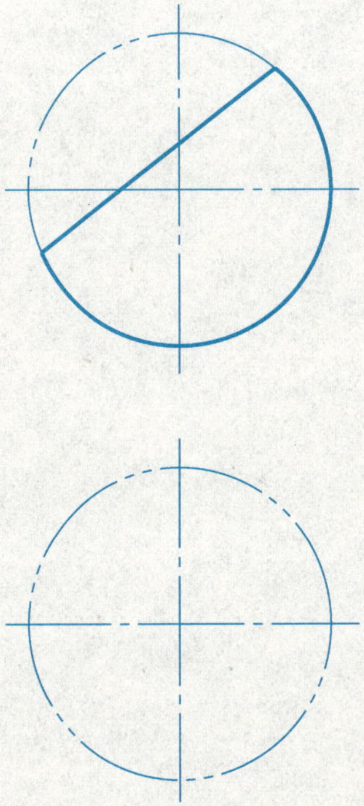

任务二　求作被切割曲面立体的三面投影(六)	班级	姓名	学号

(11)

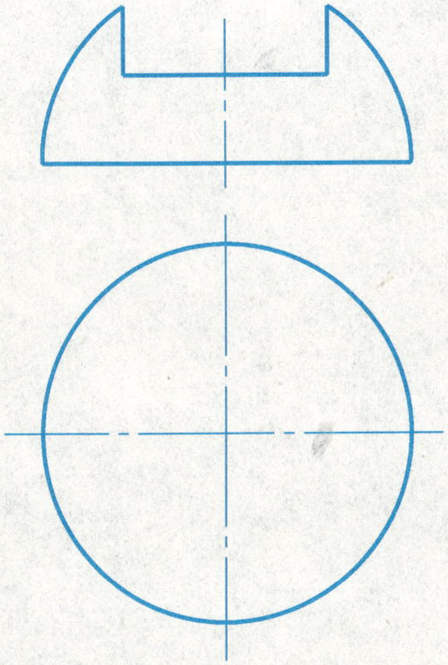

(12)

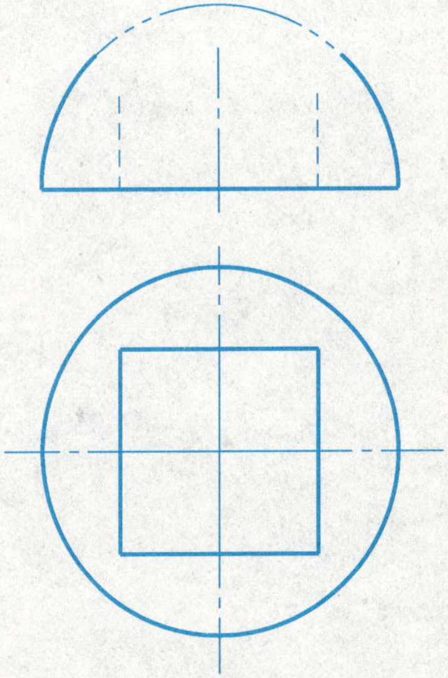

任务三　求作被切割组合回转体的三面投影	班级	姓名	学号

完成下列被切割组合回转体的三面投影。

(1)

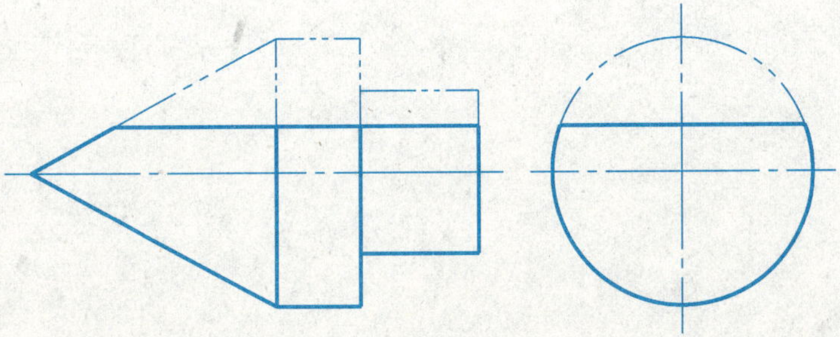

(2)

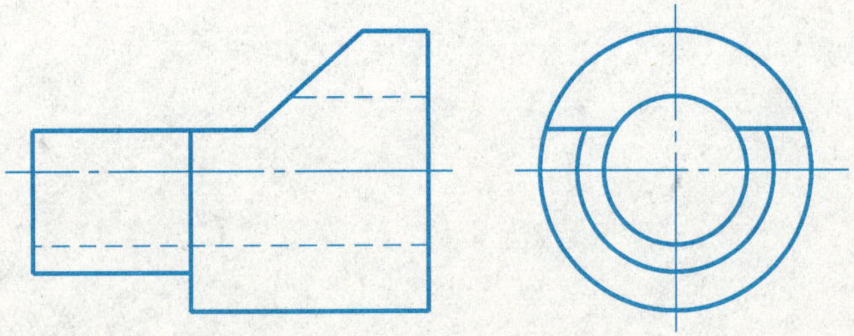

任务四　求作相贯线的三面投影(一)	班级	姓名	学号

完成下列相贯线的三面投影。

(1)

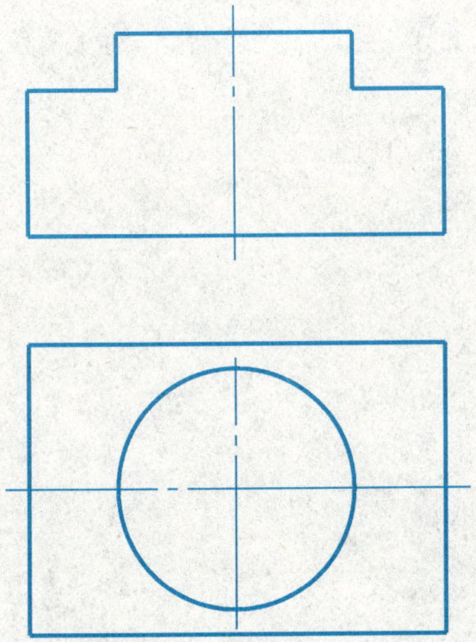

(2)

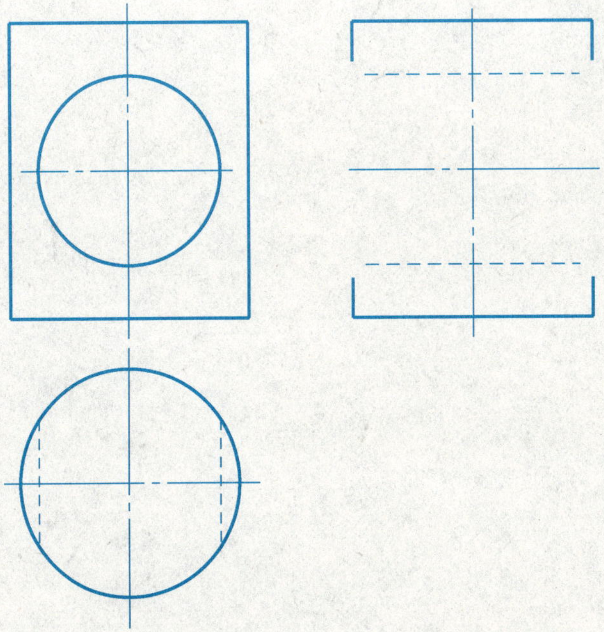

任务四　求作相贯线的三面投影(二)	班级	姓名	学号

(3)

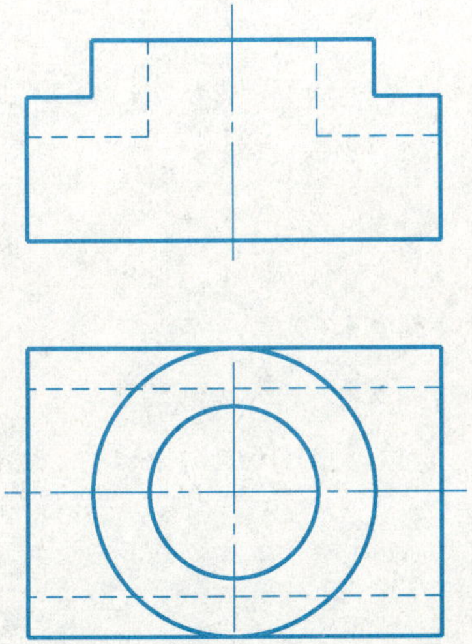

(4)

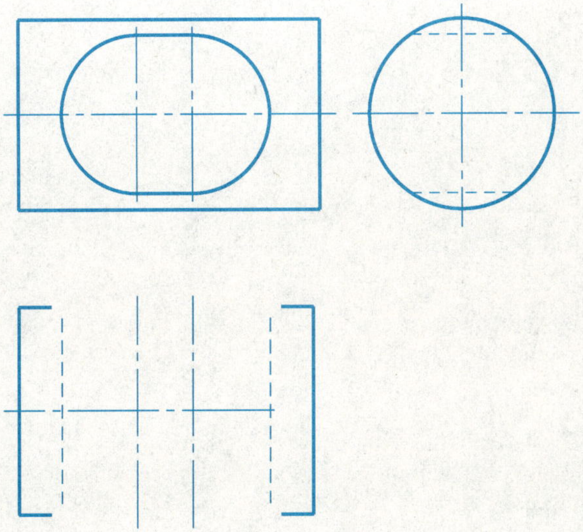

任务四　求作相贯线的三面投影(三)	班级	姓名	学号

(5)

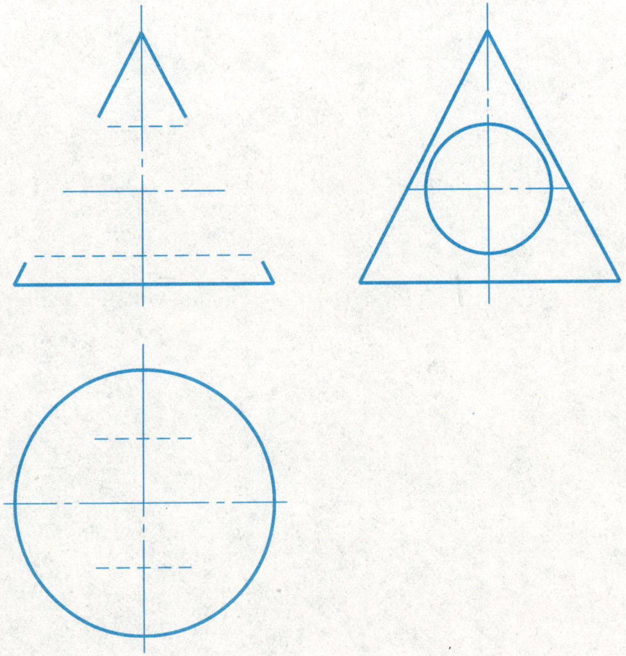

(6)

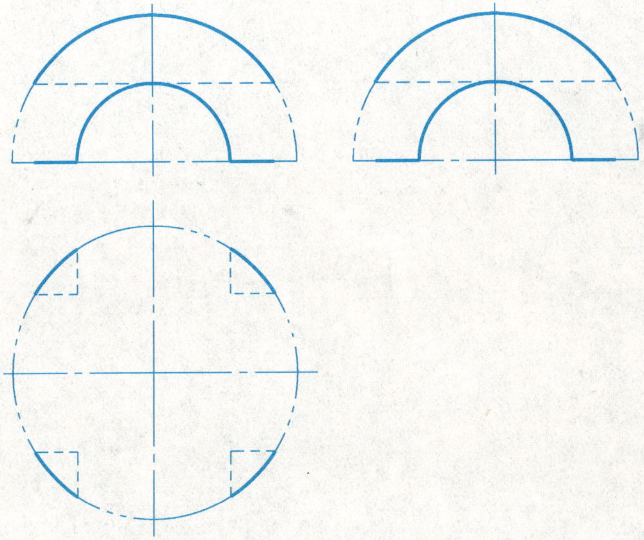

任务四 求作相贯线的三面投影(四)	班级	姓名	学号

(7)

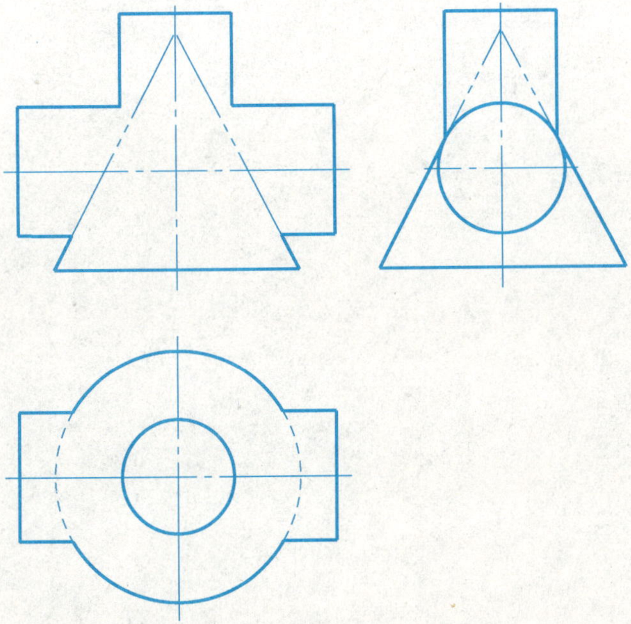

(8)

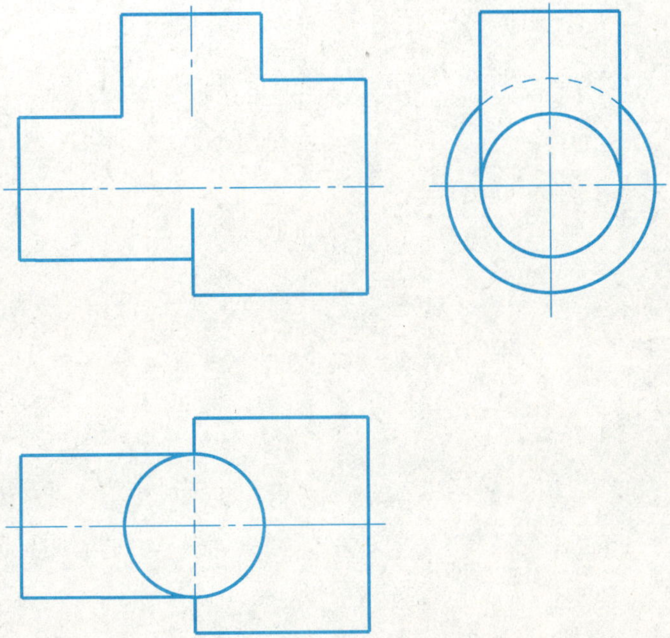

模块六　组　合　体

任务一　绘制组合体三视图(一)	班级	姓名	学号

根据立体图画出组合体的三视图。(尺寸从下列立体图中量取整数)

(1)

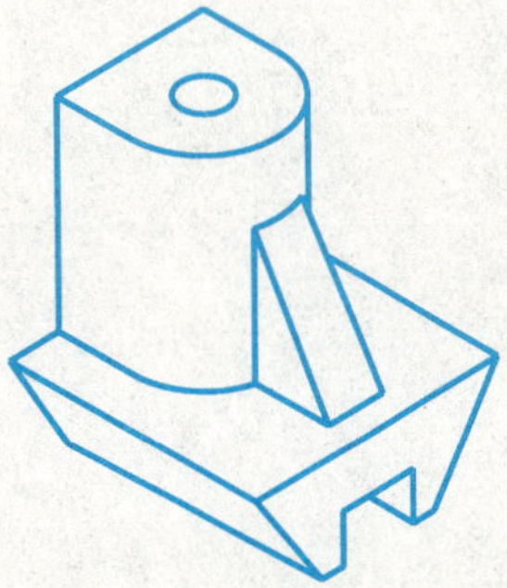

(2)

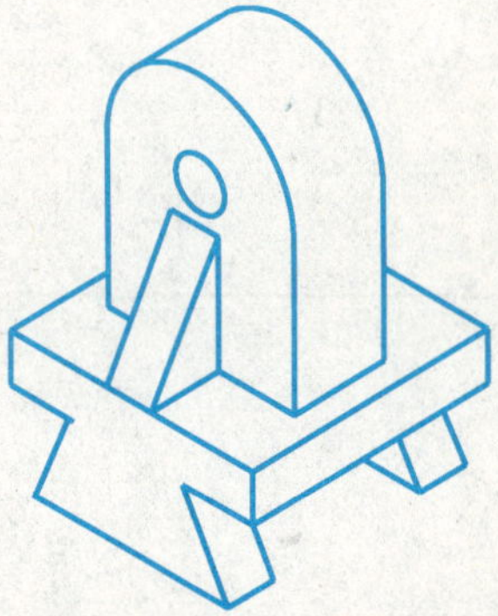

任务二　补画组合体三视图中所缺线段(一)	班级	姓名	学号

1. 根据下列立体图,补画组合体三视图中所缺线段。

(1)

(2)

任务二 补画组合体三视图中所缺线段(二)	班级	姓名	学号

2. 补画下列组合体三视图中所缺线段。

(1)

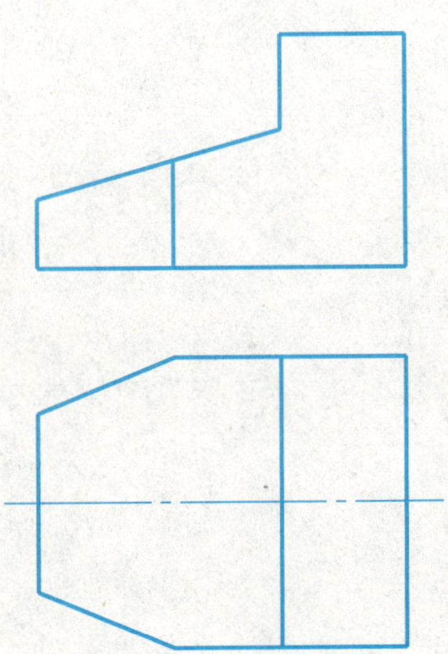

(2)

任务二　补画组合体三视图中所缺线段(三)	班级	姓名	学号

(3)

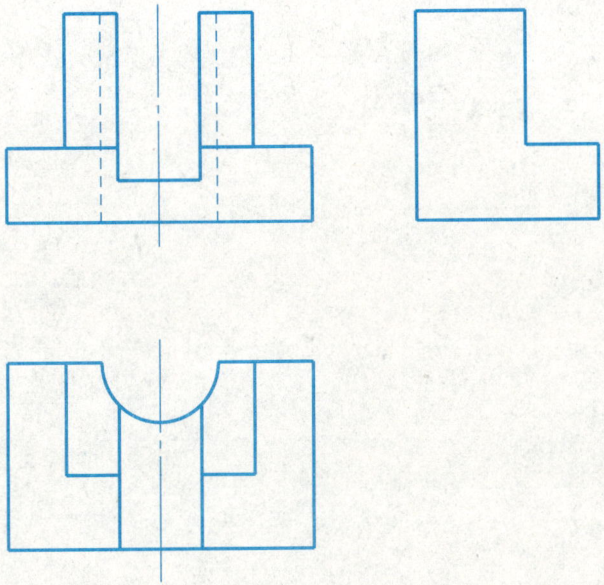

(4)

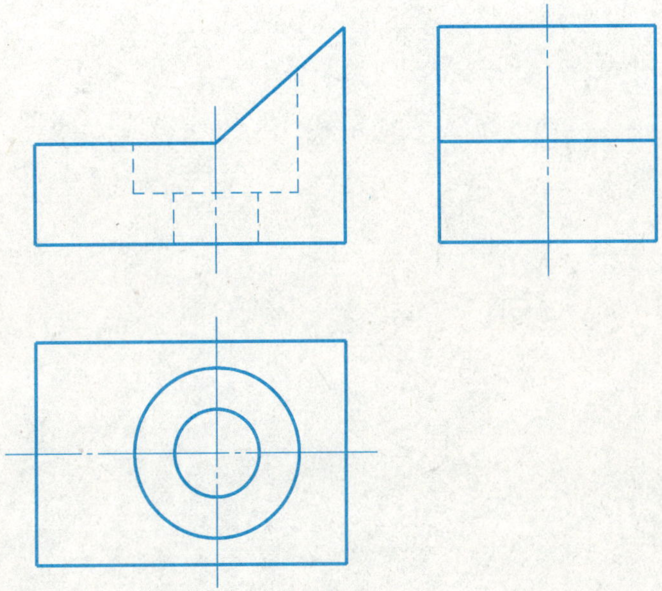

任务三　补画组合体的第三视图(一)	班级	姓名	学号

1. 根据下列组合体的立体图和两视图，补画第三视图。

(1)

(2)

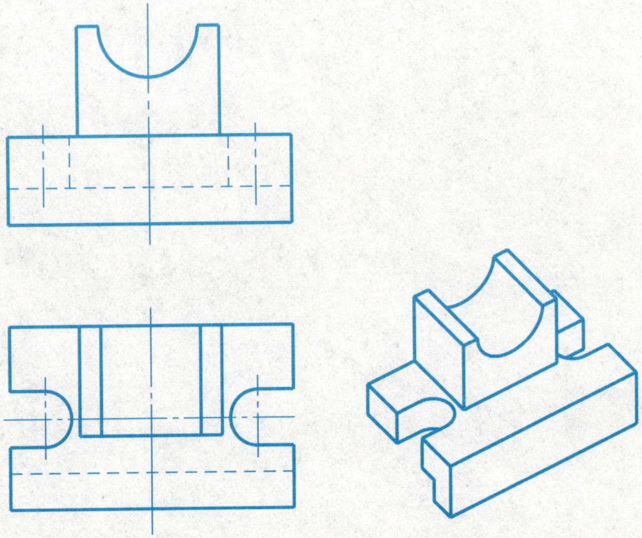

任务三 补画组合体的第三视图(二)	班级	姓名	学号

2.补画下列组合体的第三视图。

(1)

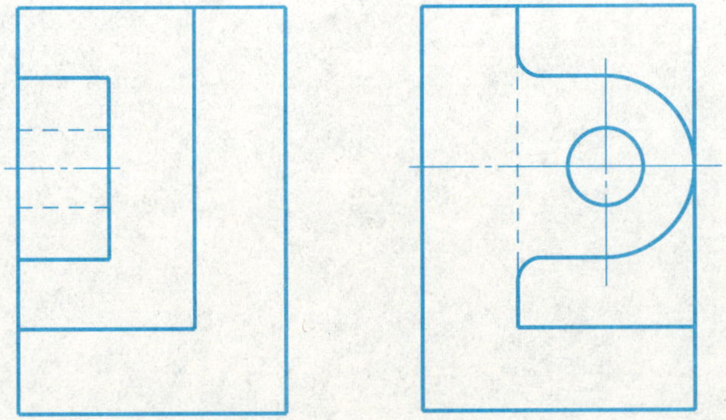

(2)

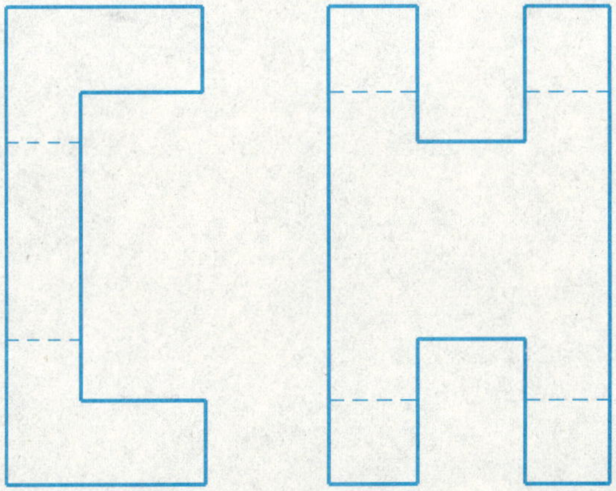

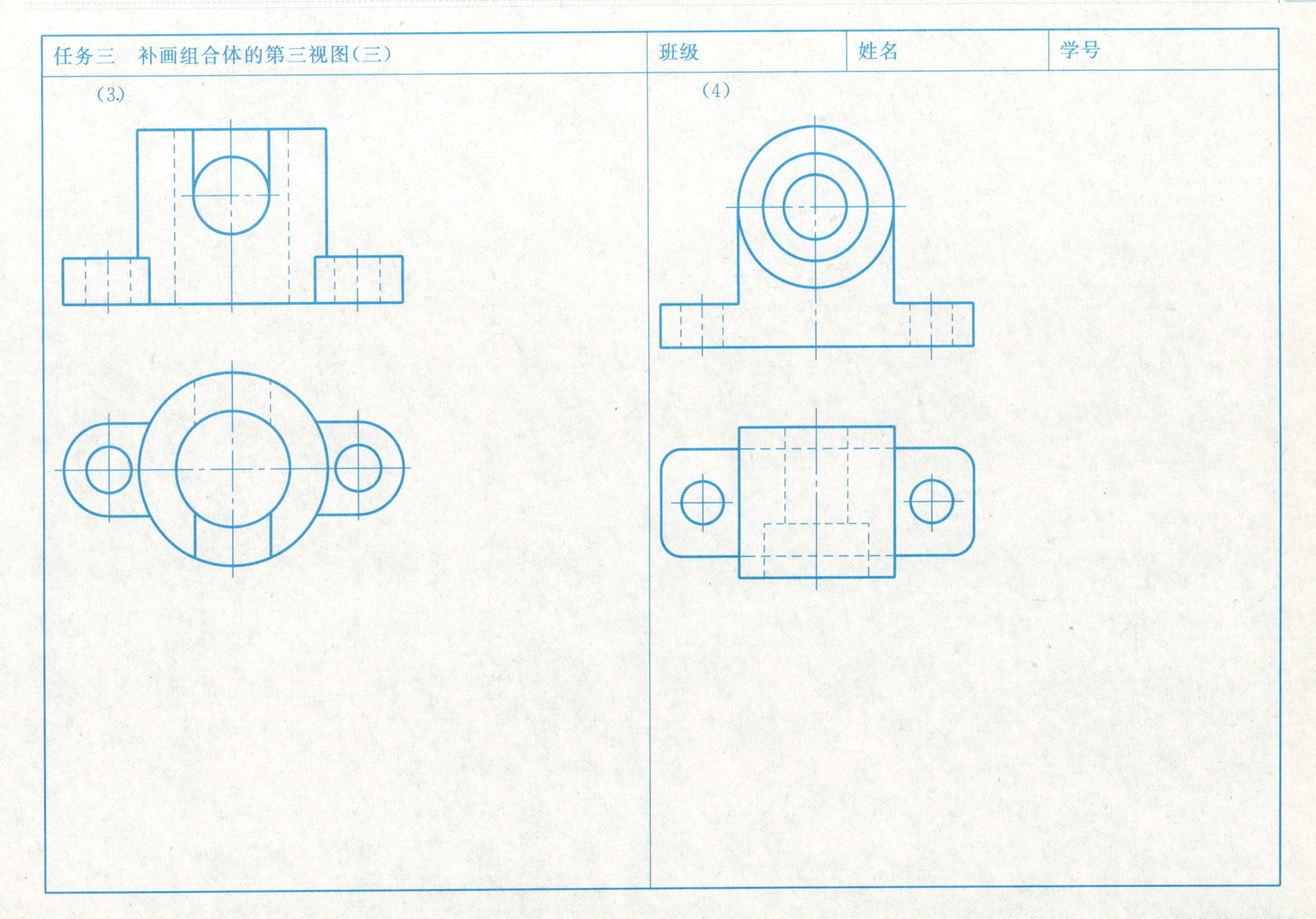
任务三 补画组合体的第三视图(三)
班级
姓名
学号
(3)
(4)

任务三　补画组合体的第三视图(四)

班级　　姓名　　学号

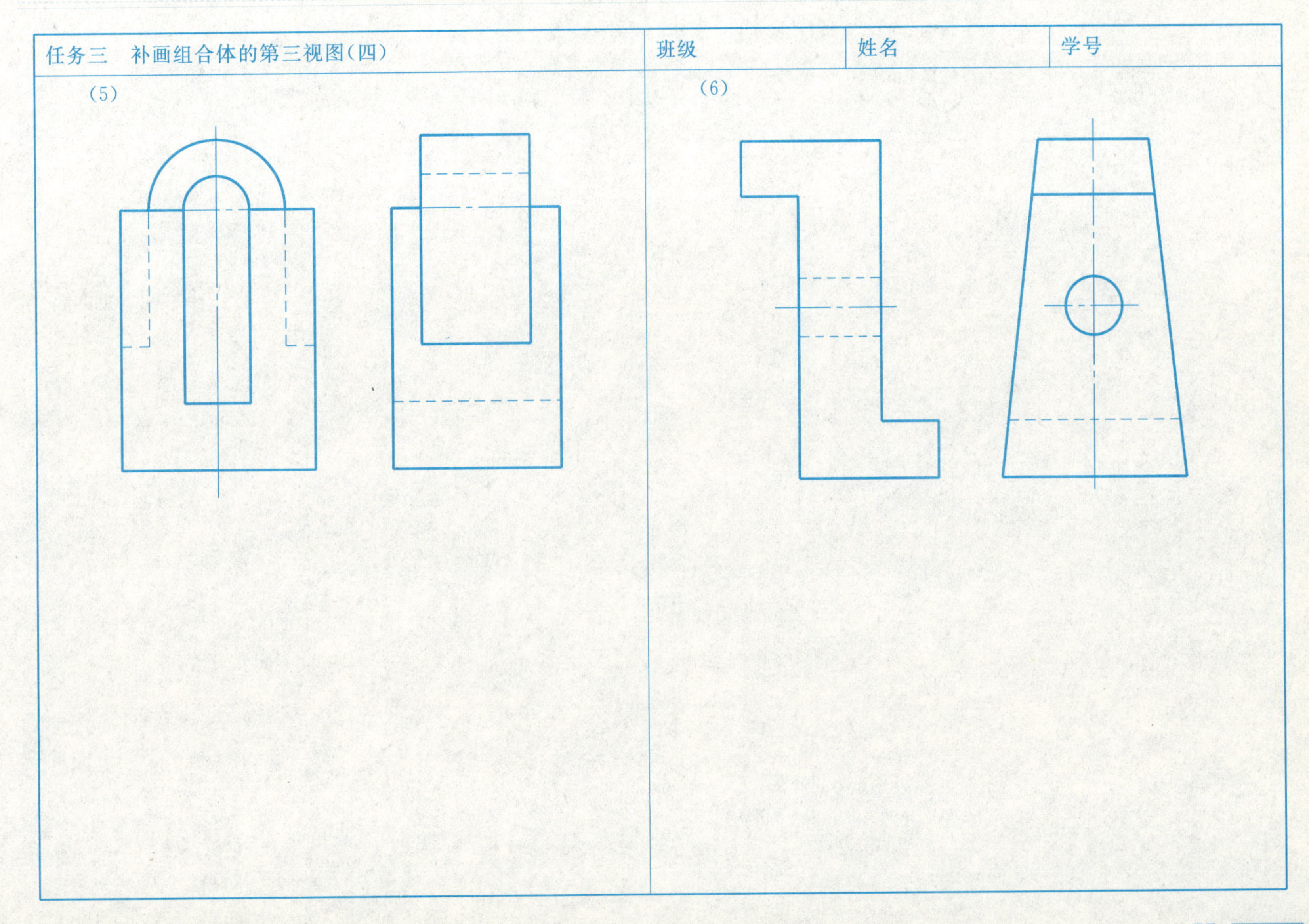

任务三 补画组合体的第三视图(五)	班级	姓名	学号

(7)

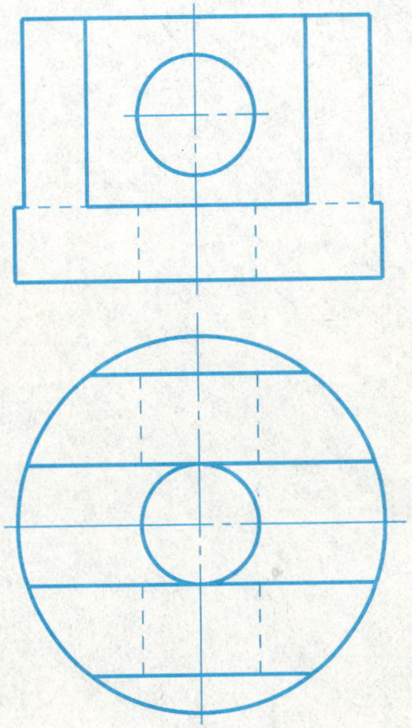

(8)

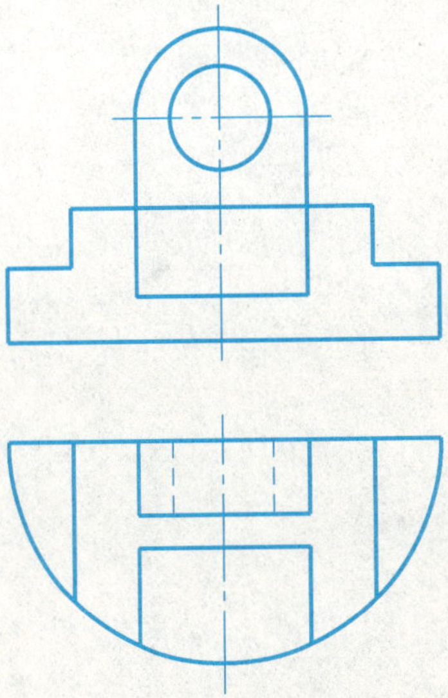

任务三　补画组合体的第三视图(六)	班级	姓名	学号

(9)

(10)

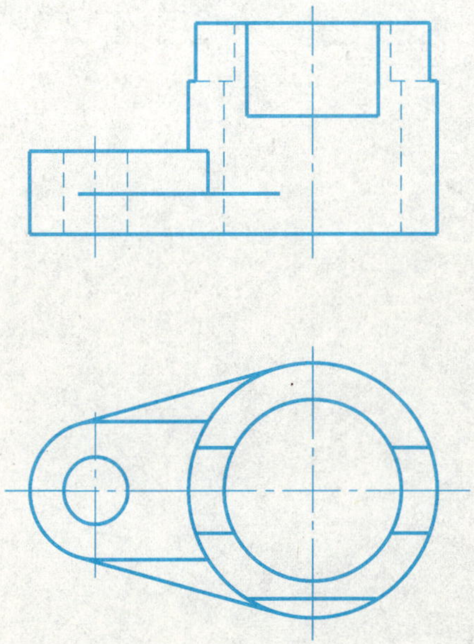

任务四　组合体的尺寸标注(一)	班级	姓名	学号

对下列组合体进行尺寸标注。(尺寸从下列图形中量取整数)

(1)

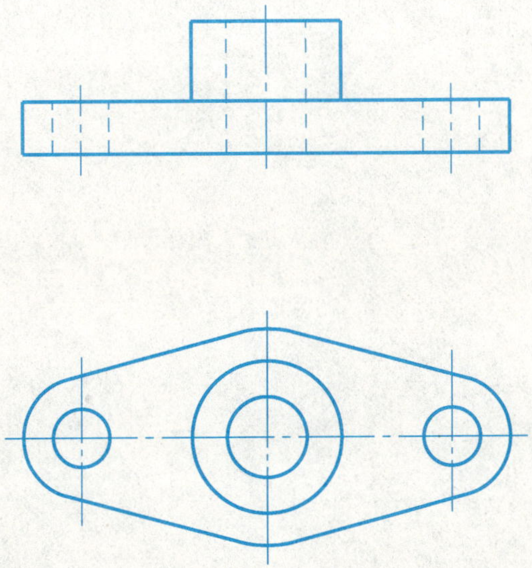

(2)

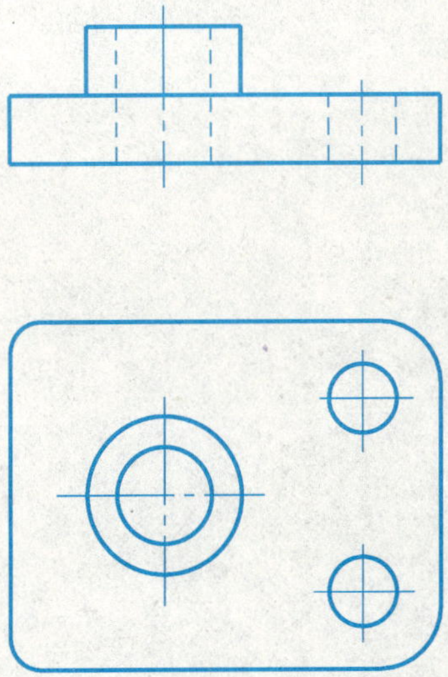

任务四　组合体的尺寸标注（二）	班级	姓名	学号

（3）

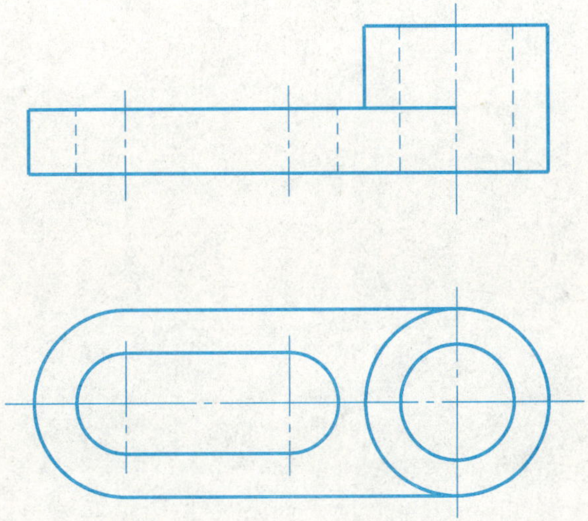

（4）

任务五　补画组合体的第三视图，并标注尺寸	班级	姓名	学号

在 A3 图纸上，根据下列组合体的两视图，补画第三视图，并标注尺寸。

（1）

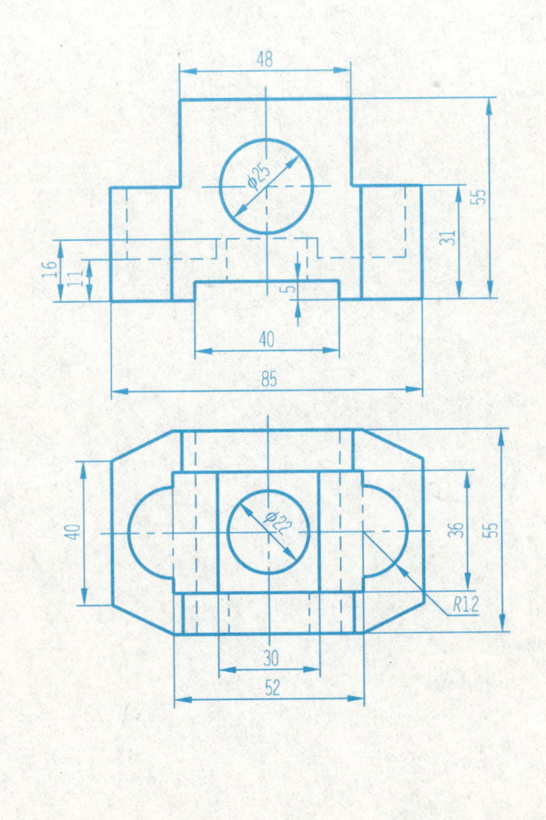

（2）

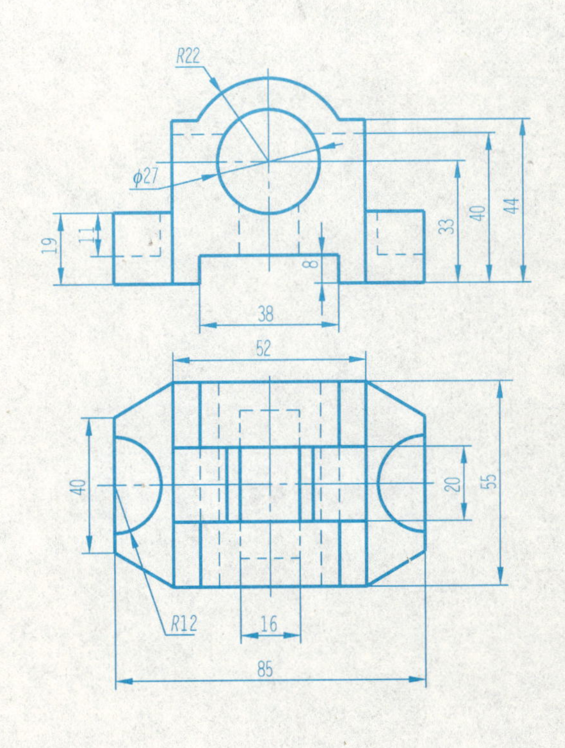

模块七 轴测投影

任务一 绘制正等轴测图	班级	姓名	学号

根据下列组合体的三视图，绘制其正等轴测图。

(1)

(2)

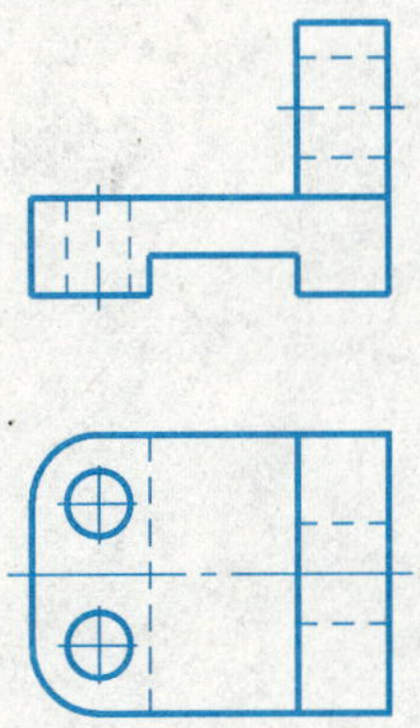

任务二　绘制斜二等轴测图	班级	姓名	学号

根据下列组合体的两视图，绘制其斜二等轴测图。

(1)

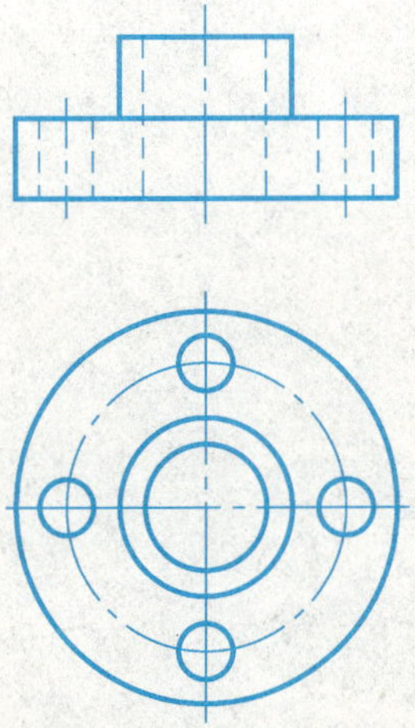

(2)

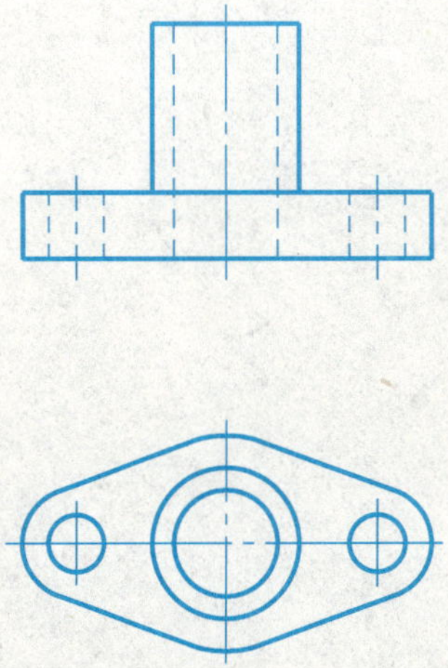

模块八　机件的常用表达方法

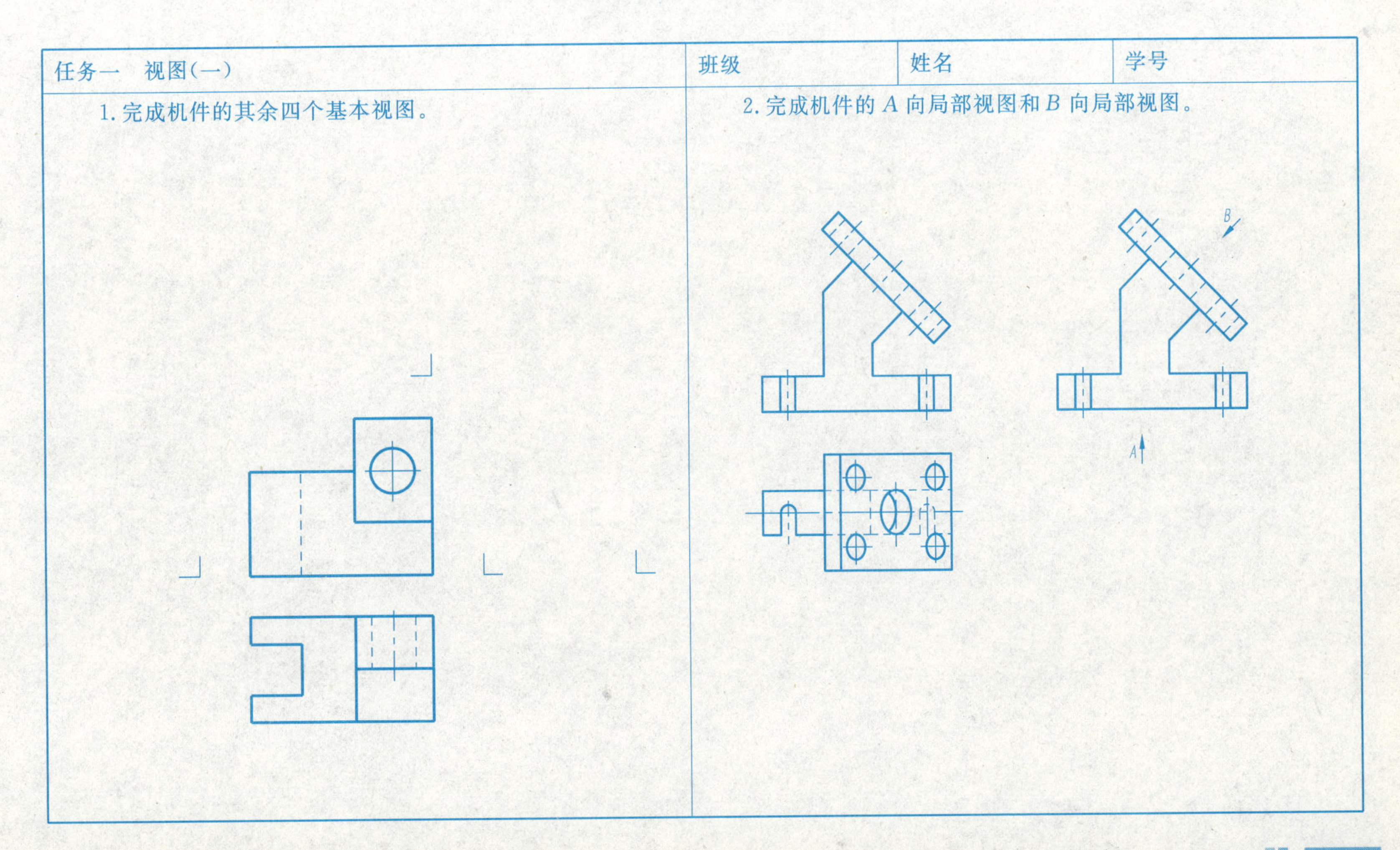

任务一　视图(一)　　班级　　姓名　　学号

1. 完成机件的其余四个基本视图。

2. 完成机件的 A 向局部视图和 B 向局部视图。

任务一　视图(二)	班级	姓名	学号

3. 补画剖视图中所缺线段。

(1)

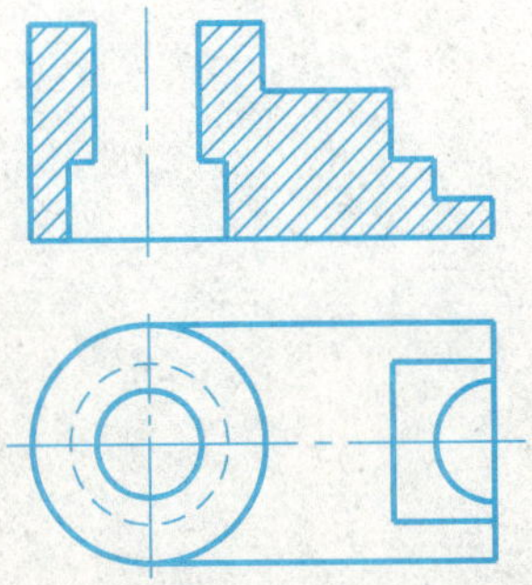

(2)

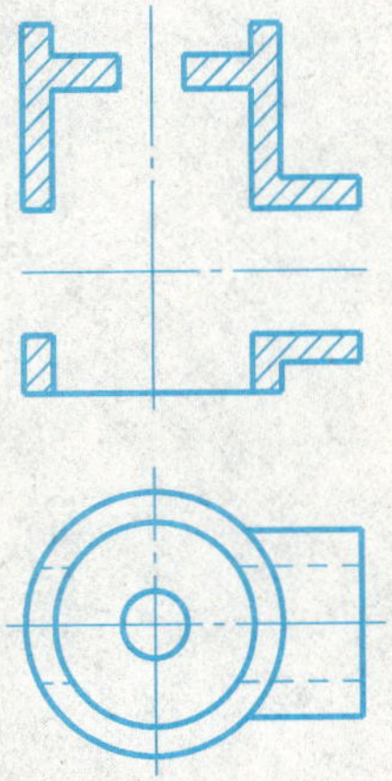

(3)

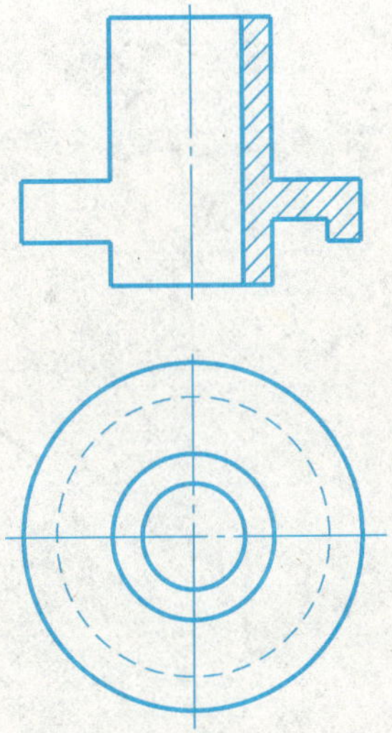

任务二　全剖视图(一)	班级	姓名	学号

1. 把主视图改画成全剖视图，然后再画出半剖的左视图。

(1)

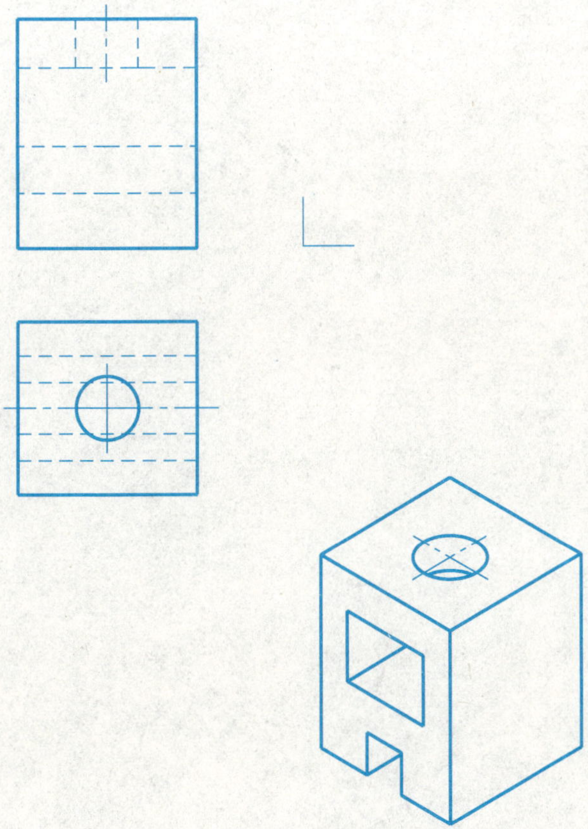

(2)

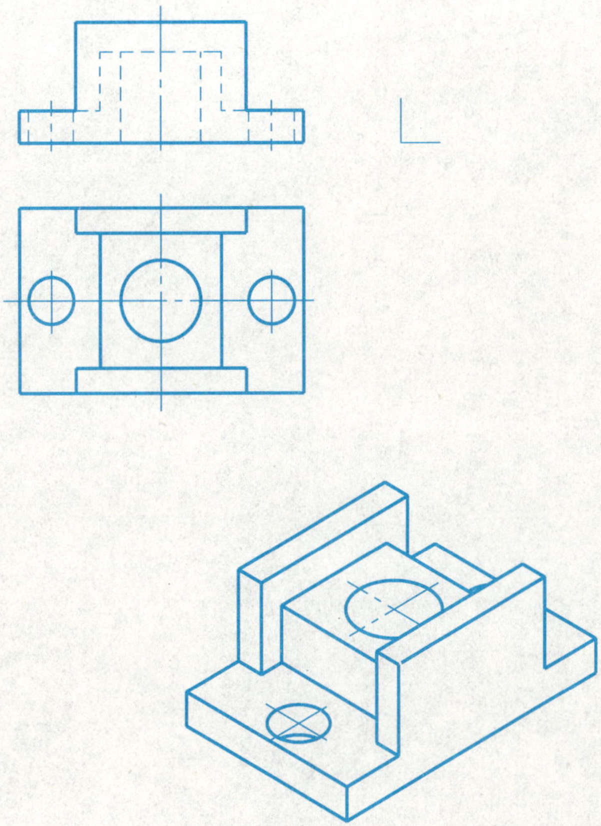

任务二　全剖视图(二)	班级	姓名	学号

2. 在空白图上把主视图画成全剖视图。

(1)

(2)

任务三　半剖视图	班级	姓名	学号

1. 在空白图上把左视图画成半剖视图。

2. 在空白图上把主视图画成半剖视图。

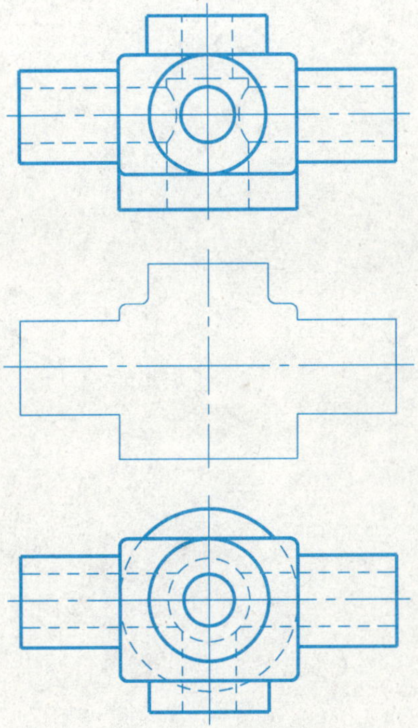

任务四　选取适当的剖切平面作图(一)	班级	姓名	学号

1. 根据已给机件的主、俯视图，将左视图画成全剖视图。

(1)

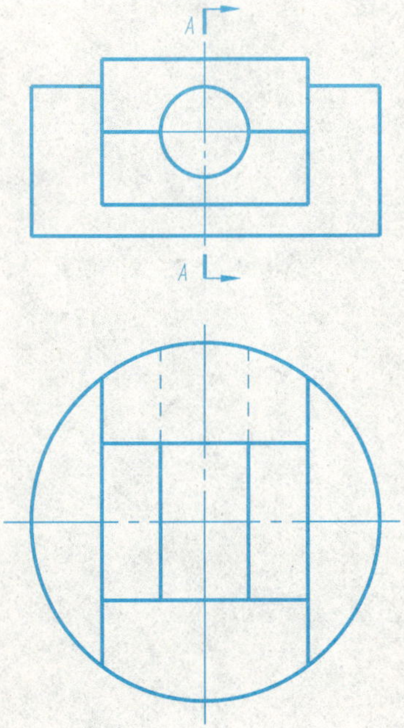

A

A

(2)

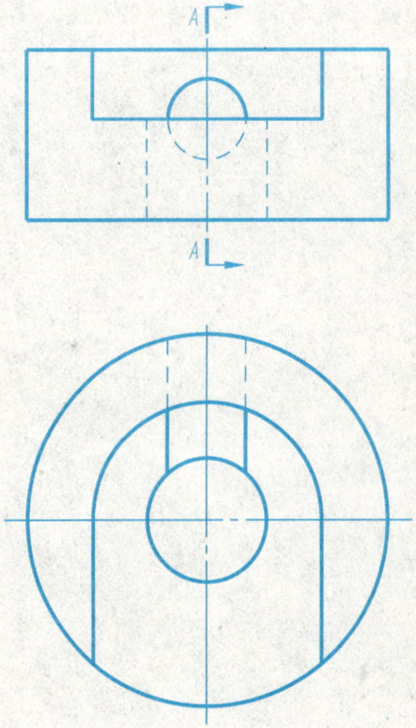

A

A

任务四 选取适当的剖切平面作图(二)	班级	姓名	学号

2. 根据已给机件的主、俯视图，将左视图画成半剖视图。

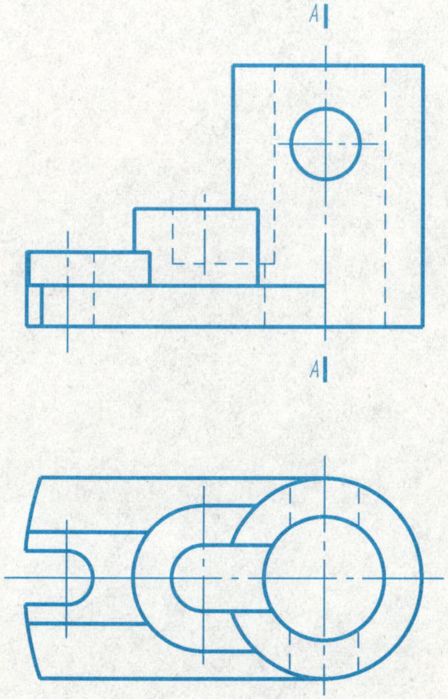

A

A

3. 在空白图上把主视图画成局部剖视图。

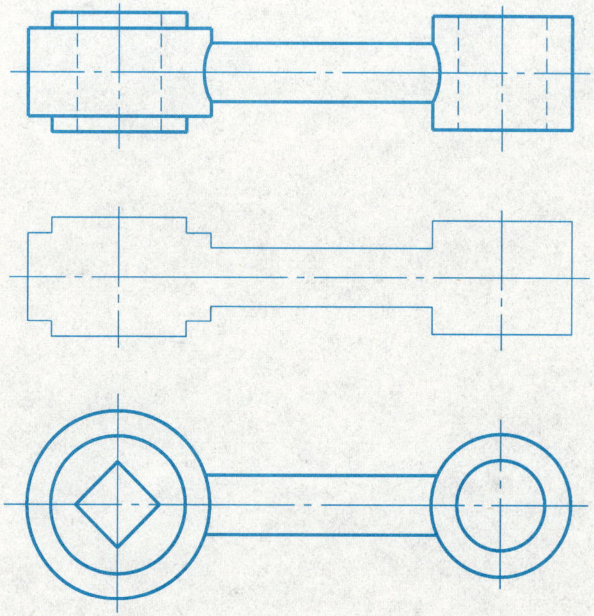

任务四　选取适当的剖切平面作图(三)	班级	姓名	学号

4. 在空白图上把主视图和俯视图画成局部剖视图。

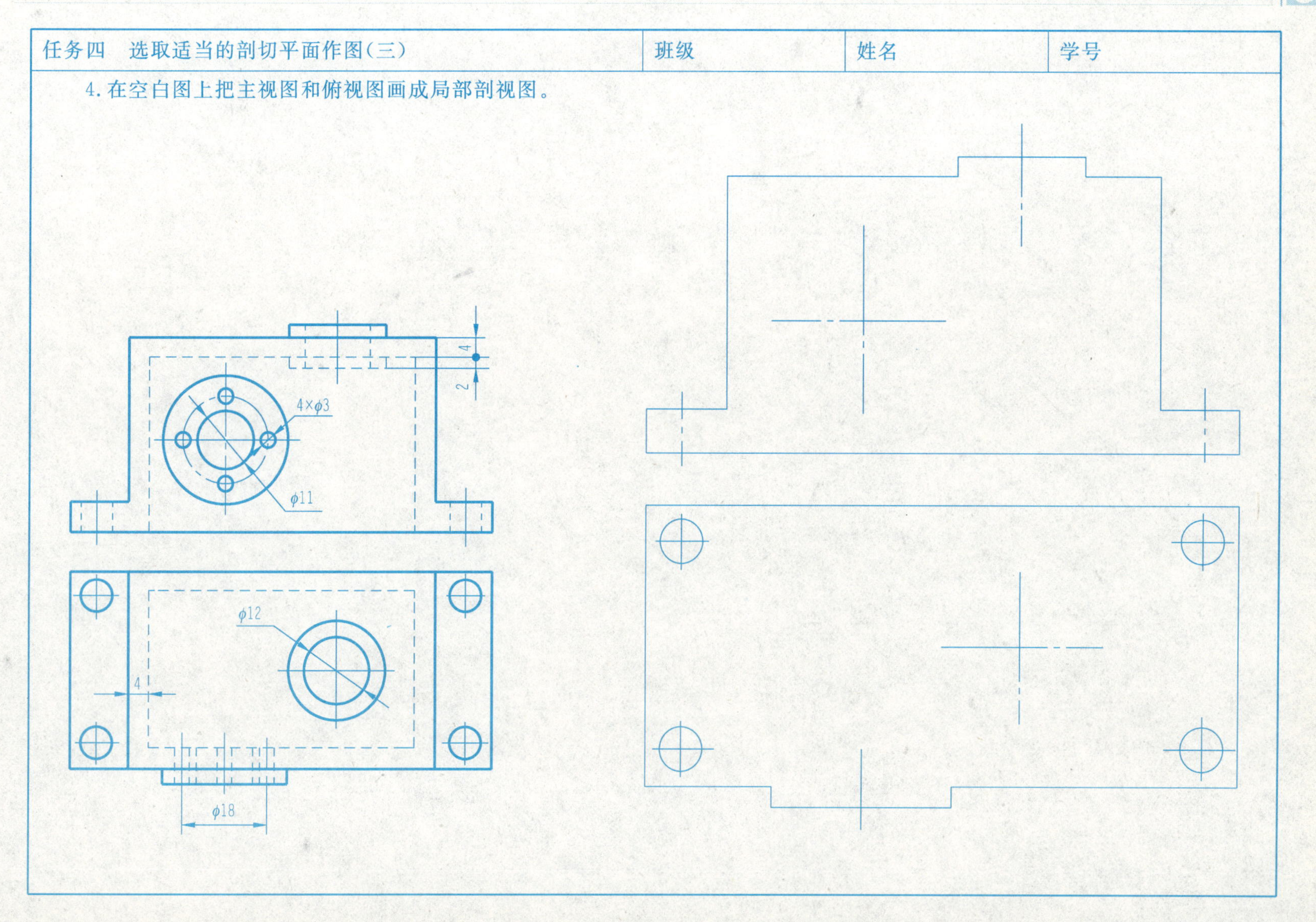

任务五　求作斜剖视图和阶梯剖视图	班级	姓名	学号

1. 作出 $A—A$ 斜剖视图。

2. 在空白图上把主视图画成阶梯剖视图。

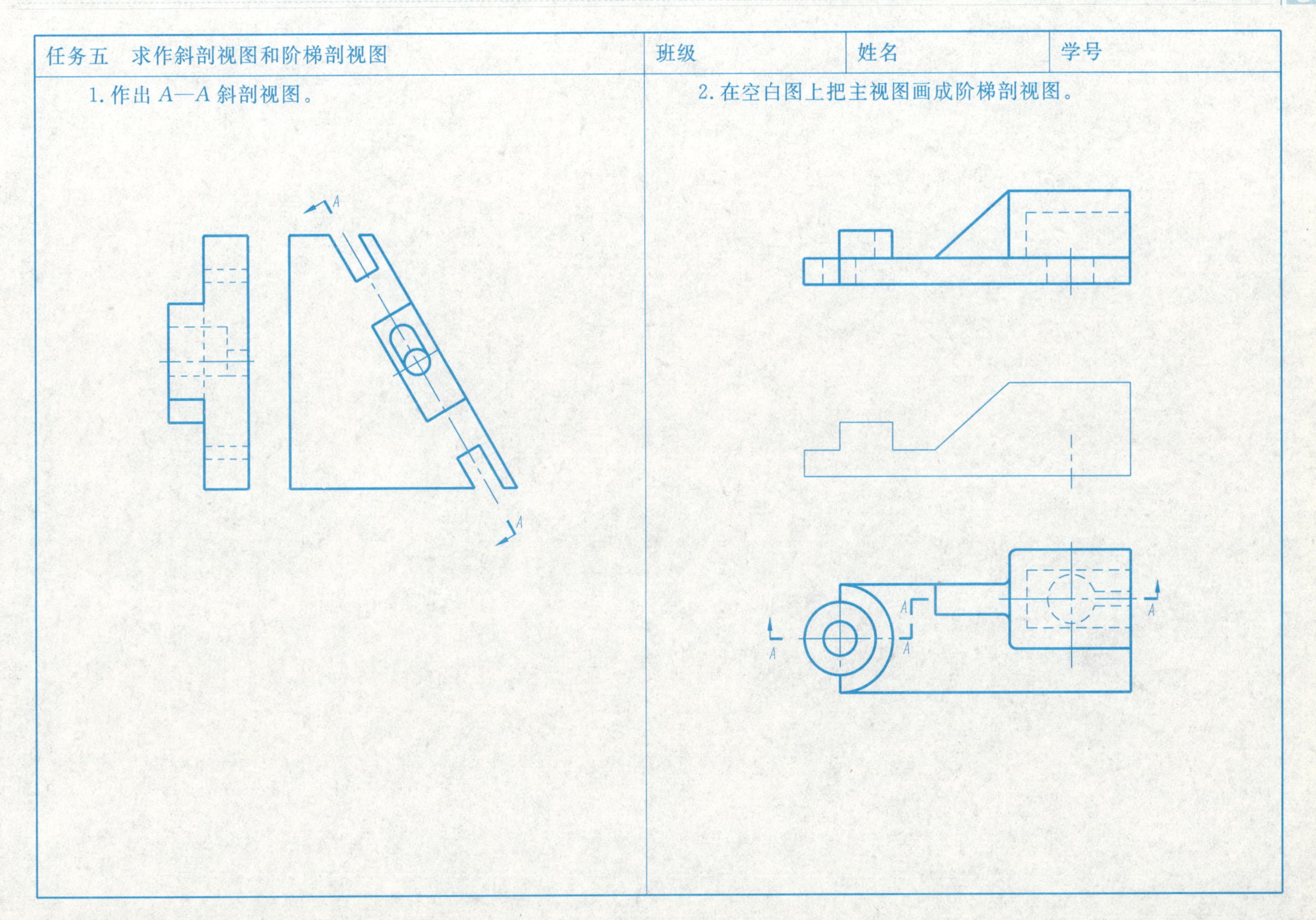

任务六　求作断面图　　班级　　姓名　　学号

1. 画出指定剖切位置的移出断面图。

2. 在视图中断处，画出十字肋的重合断面。

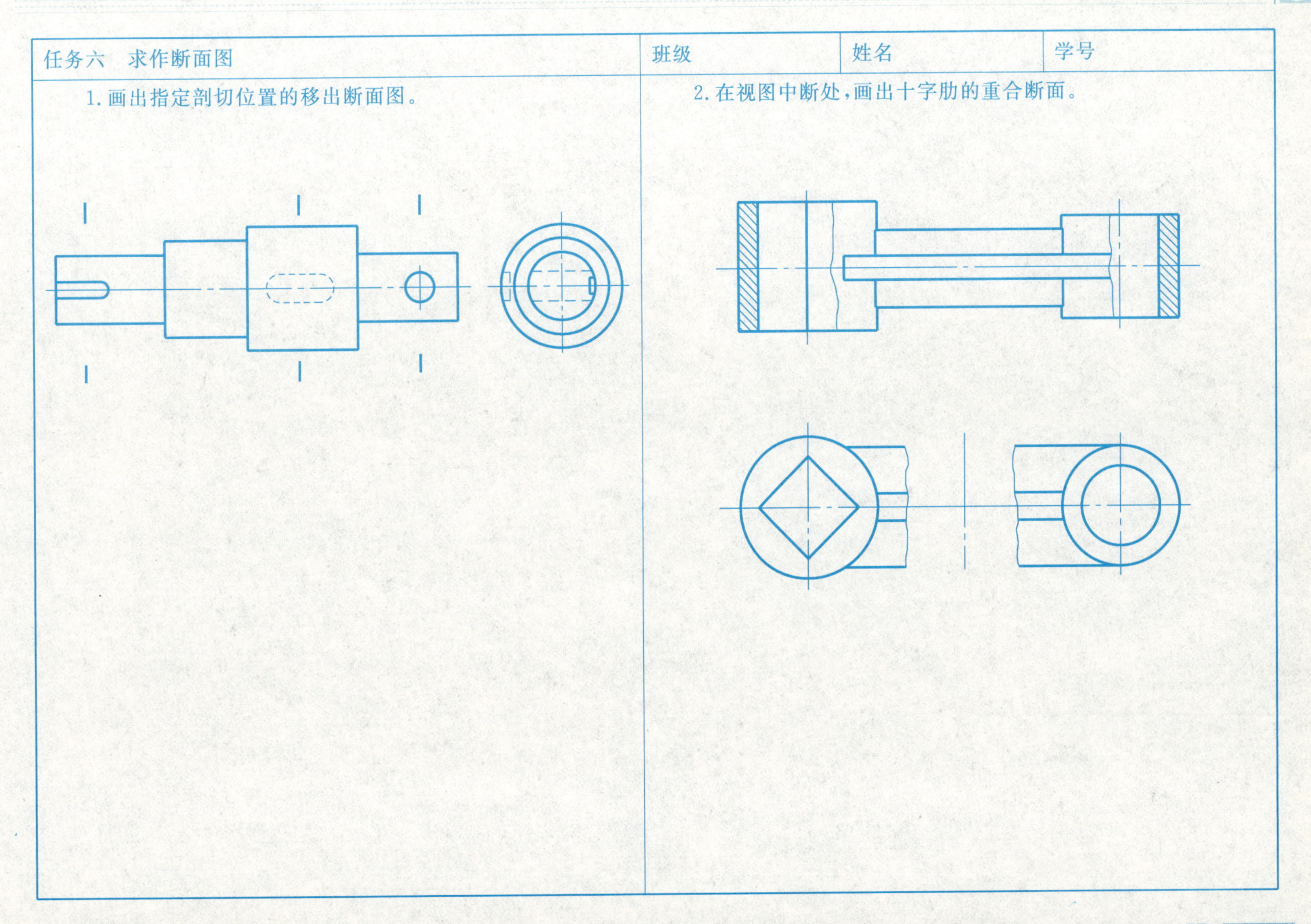

任务七 读懂原图并用适当的方法表达机件,并标注尺寸	班级	姓名	学号

在 A3 图纸上画出下列组合体的三个视图,取适当的剖视图,并标注尺寸。(图名为剖视图,比例 1∶1)

(1)

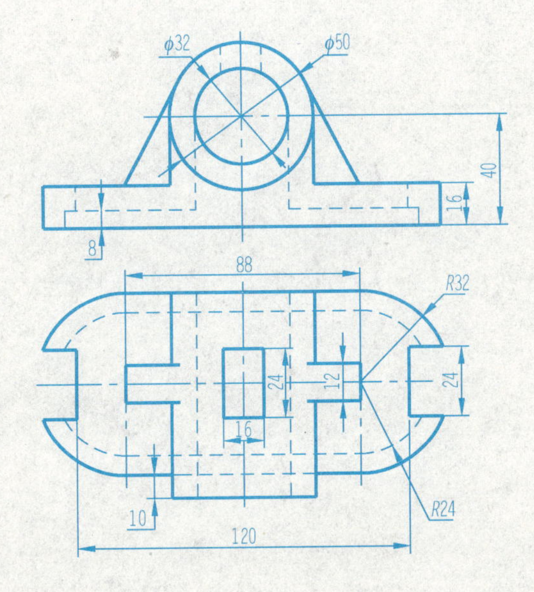

(2)

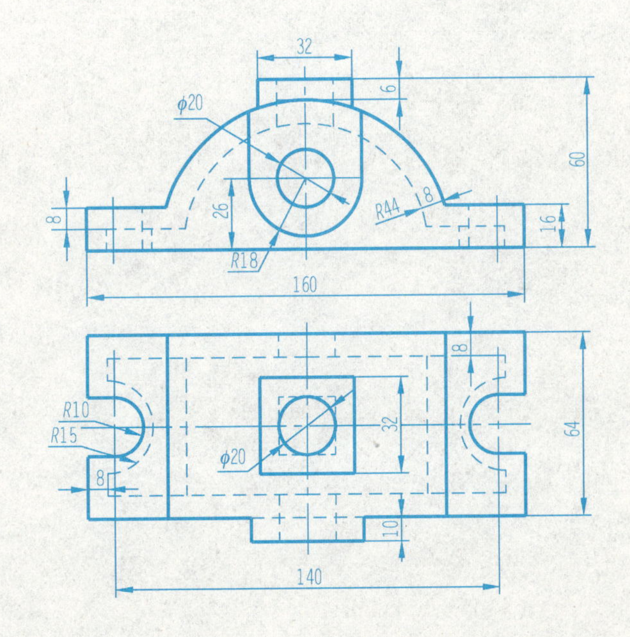

模块九　标准件和常用件

任务一　螺纹(一)	班级	姓名	学号

1. 指出下列螺纹画法中的错误，并在空白处画出正确的图形。

(1)

(2)

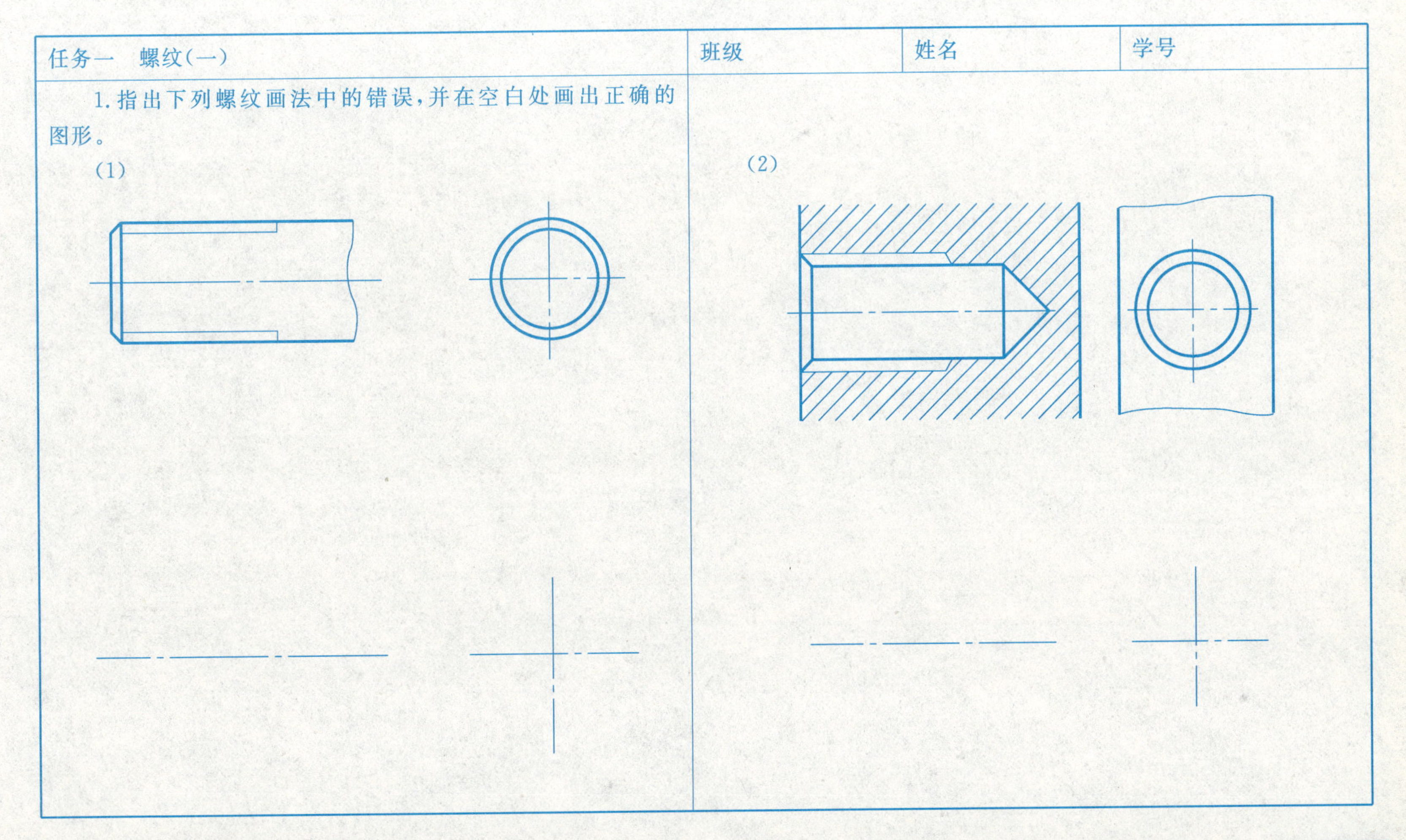

任务一 螺纹(二)	班级	姓名	学号

(3)

2. 确定下列螺纹标记的意义并填表。

螺纹标记	特征代号	公称直径或尺寸代号	导程	螺距	线数	公差带代号	旋向
M12—8g							
M12×0.75—7H							
Tr36×6(P3)LH—7H							
B80×16—7c							
Rc3/4							

任务一　螺纹(三)	班级	姓名	学号

3.根据给出的螺纹要素，在图中注出螺纹的标记。

(1)粗牙普通螺纹，大径 24 mm，螺距 3 mm，单线，右旋，中径及顶径公差带代号均为 6h，中等旋合长度。

(2)细牙普通螺纹，大径 20 mm，螺距 1.5 mm，单线，左旋，中径及顶径公差带代号均为 6H，中等旋合长度。

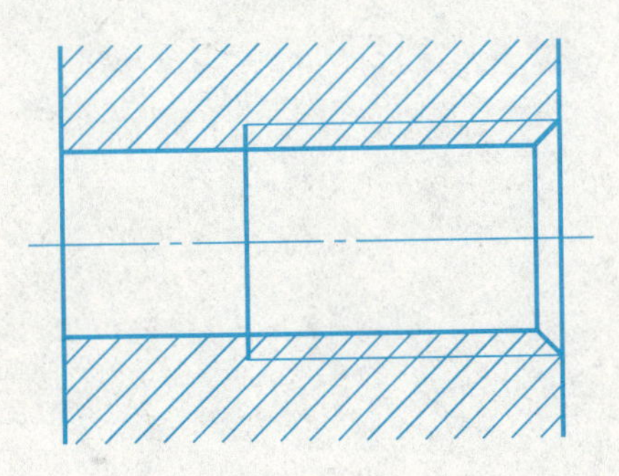

(3)梯形螺纹，大径 32 mm，双线，导程 12 mm，左旋，公差带代号为 8e，长旋合长度。

(4)非密封管螺纹，尺寸代号为 3/4，公差带等级为 A 级。

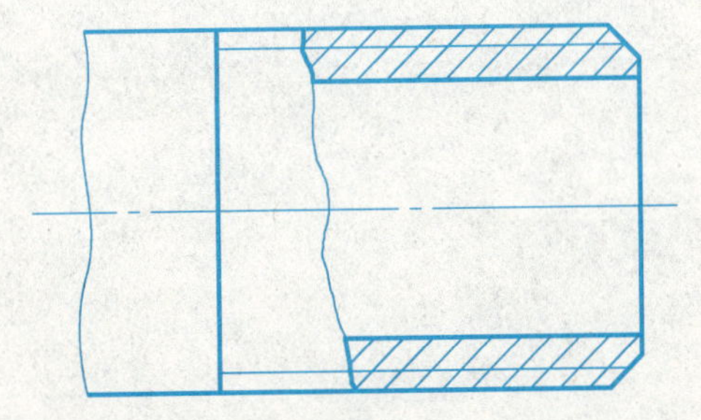

任务二 螺纹紧固件(一)	班级	姓名	学号

1. 补画所缺线段,完成螺钉连接图。

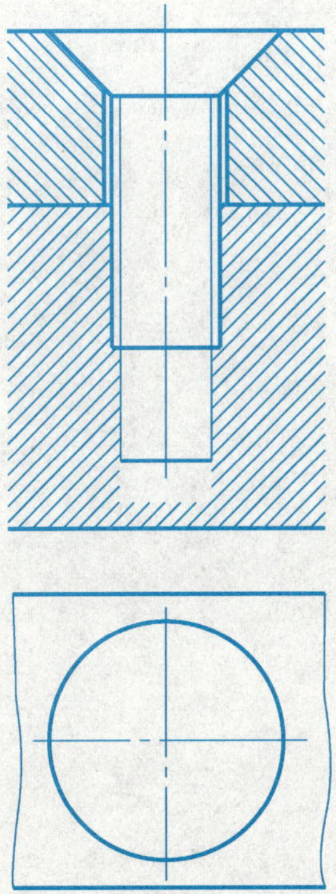

2. 完成双头螺柱连接图。已知双头螺柱 GB/T 898 M16×l,螺母 GB/T 6170 M16,垫圈 GB/T 97.1 16(比例画法)。

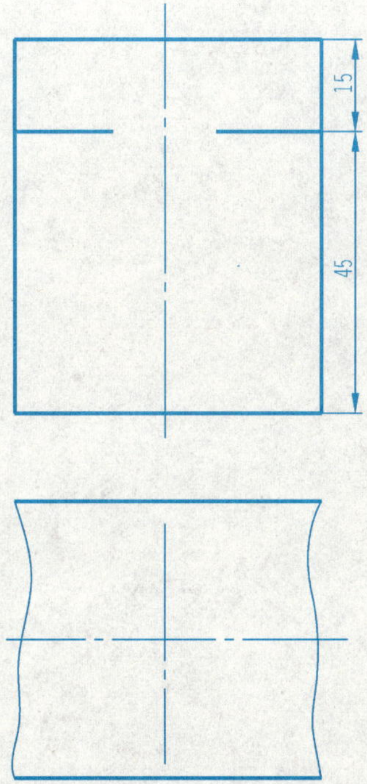

15

45

任务二　螺纹紧固件(二)	班级	姓名	学号

3. 完成螺栓连接图。已知螺栓 GB/T 5780 M24×l，螺母 GB/T 6170 M24，垫圈 GB/T 97.1 24。

25

25

任务三 键	班级	姓名	学号

画出轴在指定位置的断面图，根据尺寸 ϕ24 查表确定孔、轴的键槽尺寸，并在图中标出。

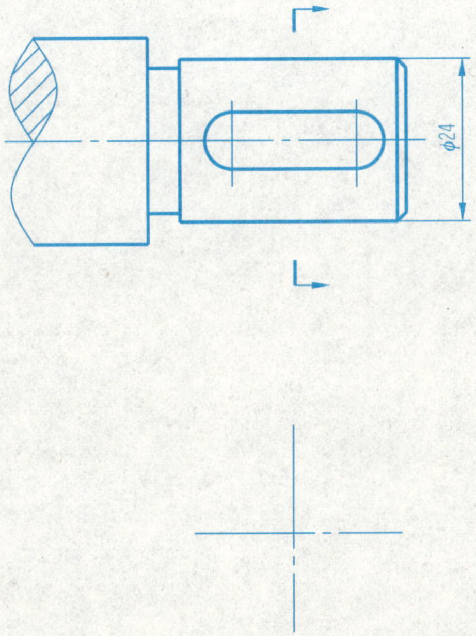

ϕ24

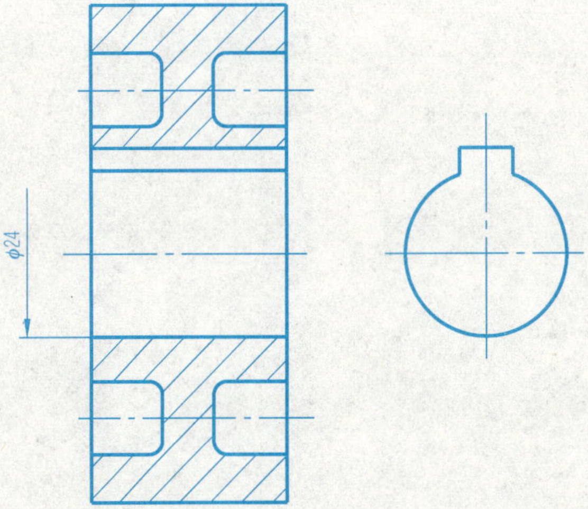

ϕ24

任务四　齿轮(一)	班级	姓名	学号

1. 直齿圆柱齿轮的主要参数为 $m=3, z=24$，齿宽 $B=20$；带有平键槽的孔其直径 $D=26$。按 1∶1 的比例完成齿轮零件图，并标注尺寸。

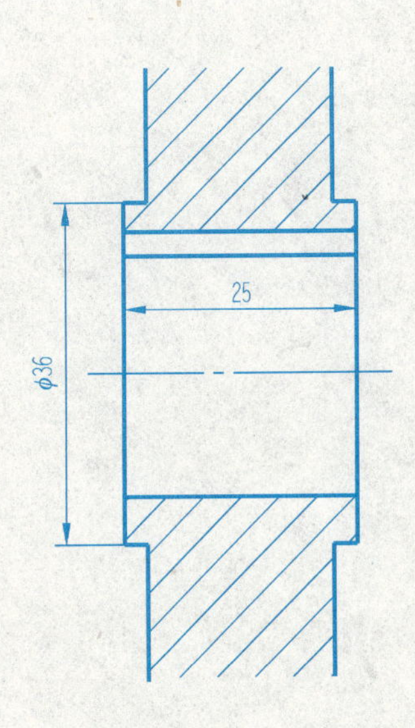

任务四　齿轮(二)	班级	姓名	学号

2.完成直齿圆柱齿轮的啮合剖视图,并标注其中心距尺寸,直齿圆柱齿轮的主要参数为 $m=3$,$z_1=16$,$z_2=24$。

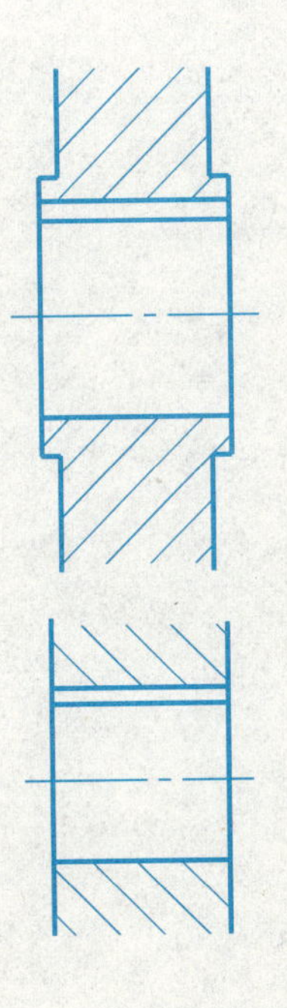

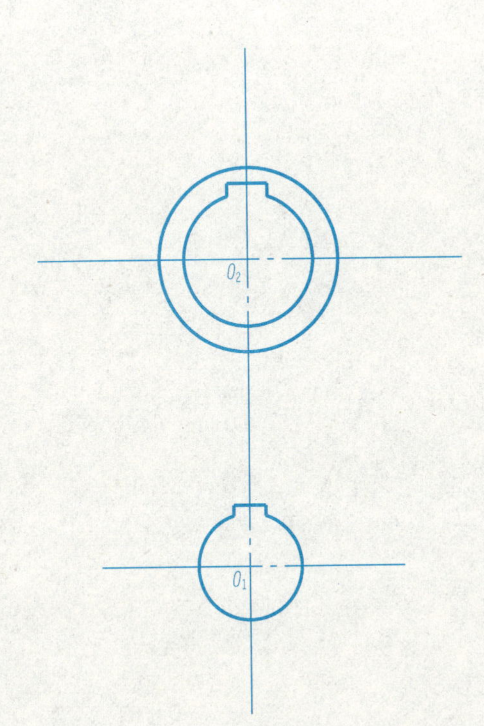

模块十　零　件　图

任务一　零件图的尺寸标柱与技术要求(一)	班级	姓名	学号

1. 找出下图中表面粗糙度的标注错误，并在给出的图中作出正确的标注。

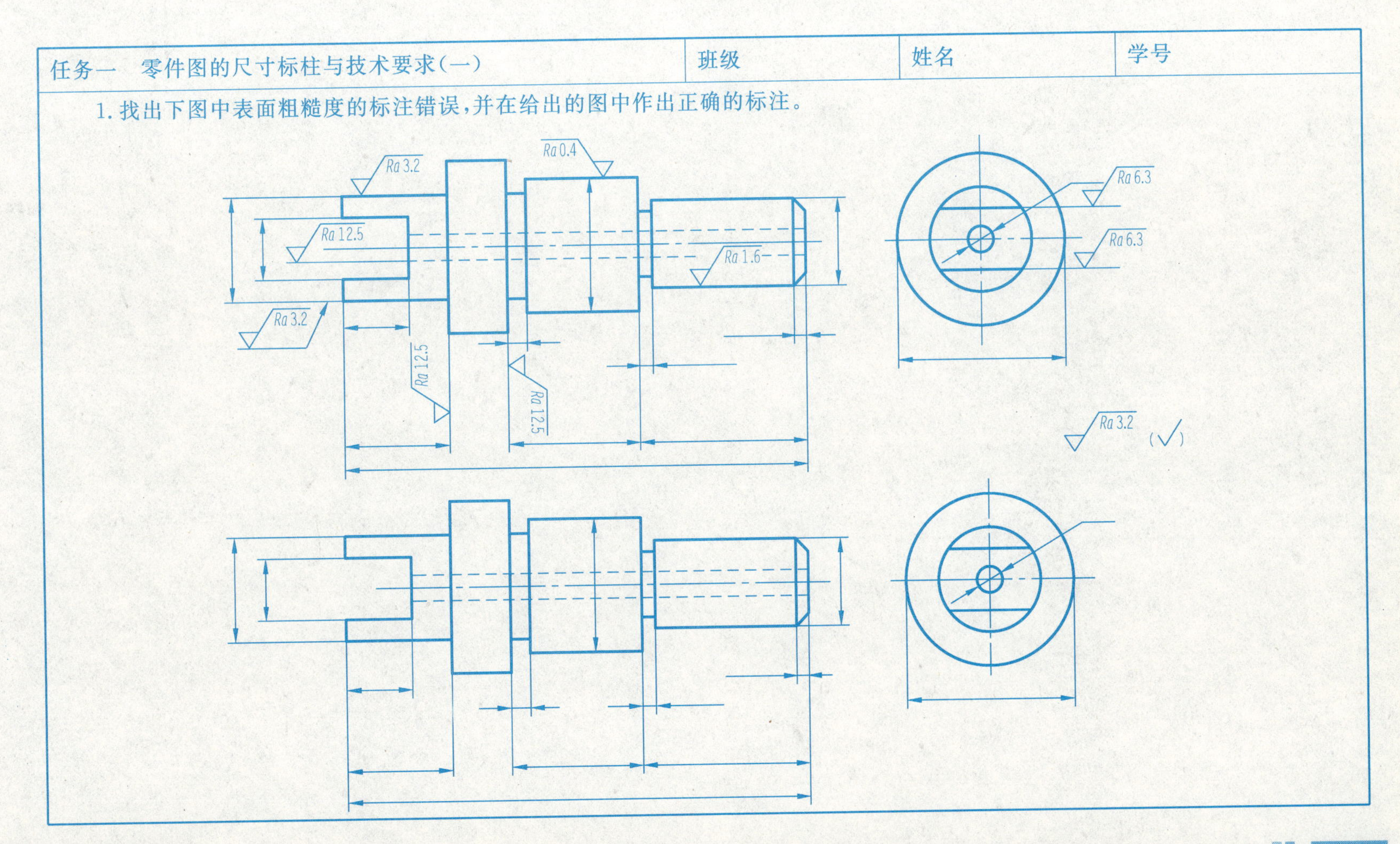

任务一　零件图的尺寸标柱与技术要求(二)	班级	姓名	学号

2. 根据装配图中的标注，在相应的零件图上标注其公称尺寸和极限偏差，并填空。

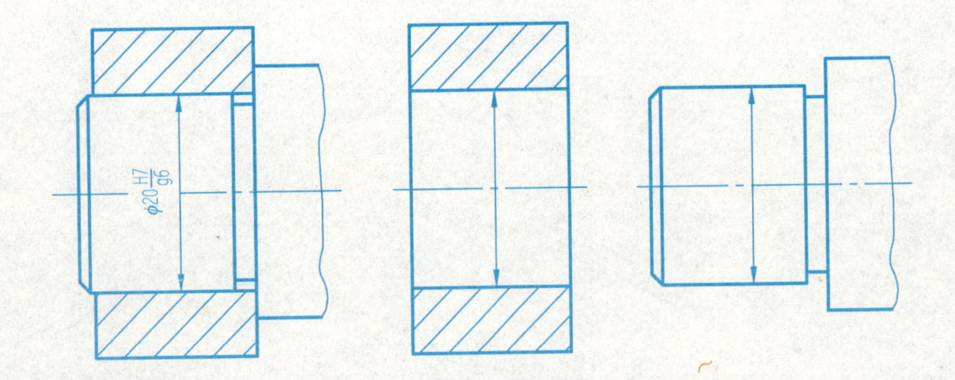

$\phi20\ \frac{H7}{g6}$表示：公称尺寸________，孔的基本偏差代号________，轴的基本偏差代号________；孔的公差等级________，轴的公差等级________；孔的公差带代号________，轴的公差带代号________；孔的上极限偏差________，孔的下极限偏差________；轴的上极限偏差________，轴的下极限偏差________，配合种类________。

任务二　绘制零件图(一)	班级	姓名	学号

画出下列零件的草图及零件图。

(1)传动轴(材料:45)。

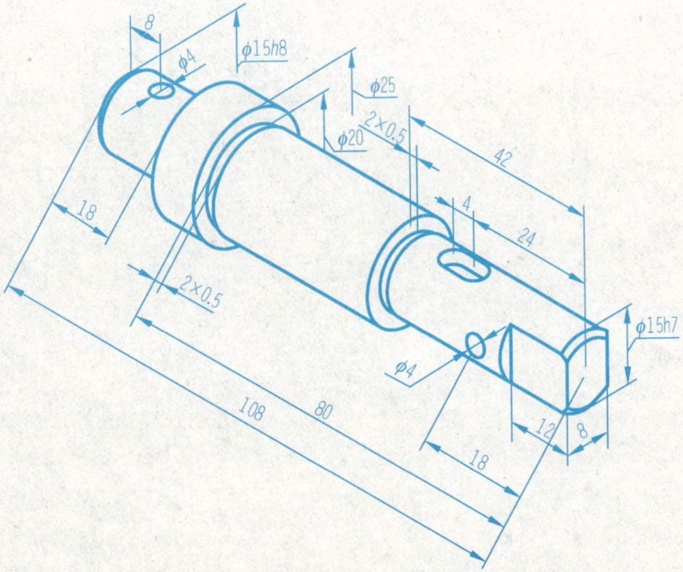

(2)端盖(材料:HT150)。

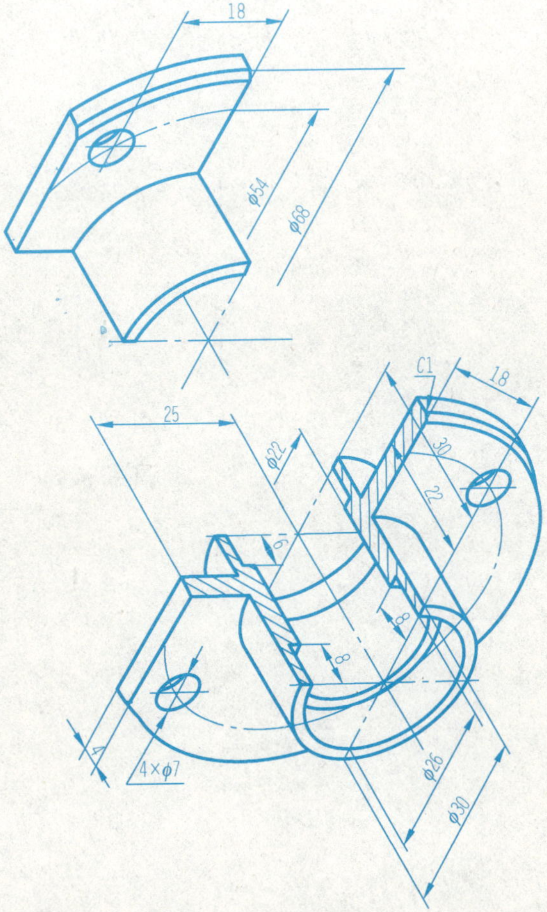

任务二 绘制零件图(二)	班级	姓名	学号

(3)支座(材料:HT200)。

(4)壳体(材料:HT200)。

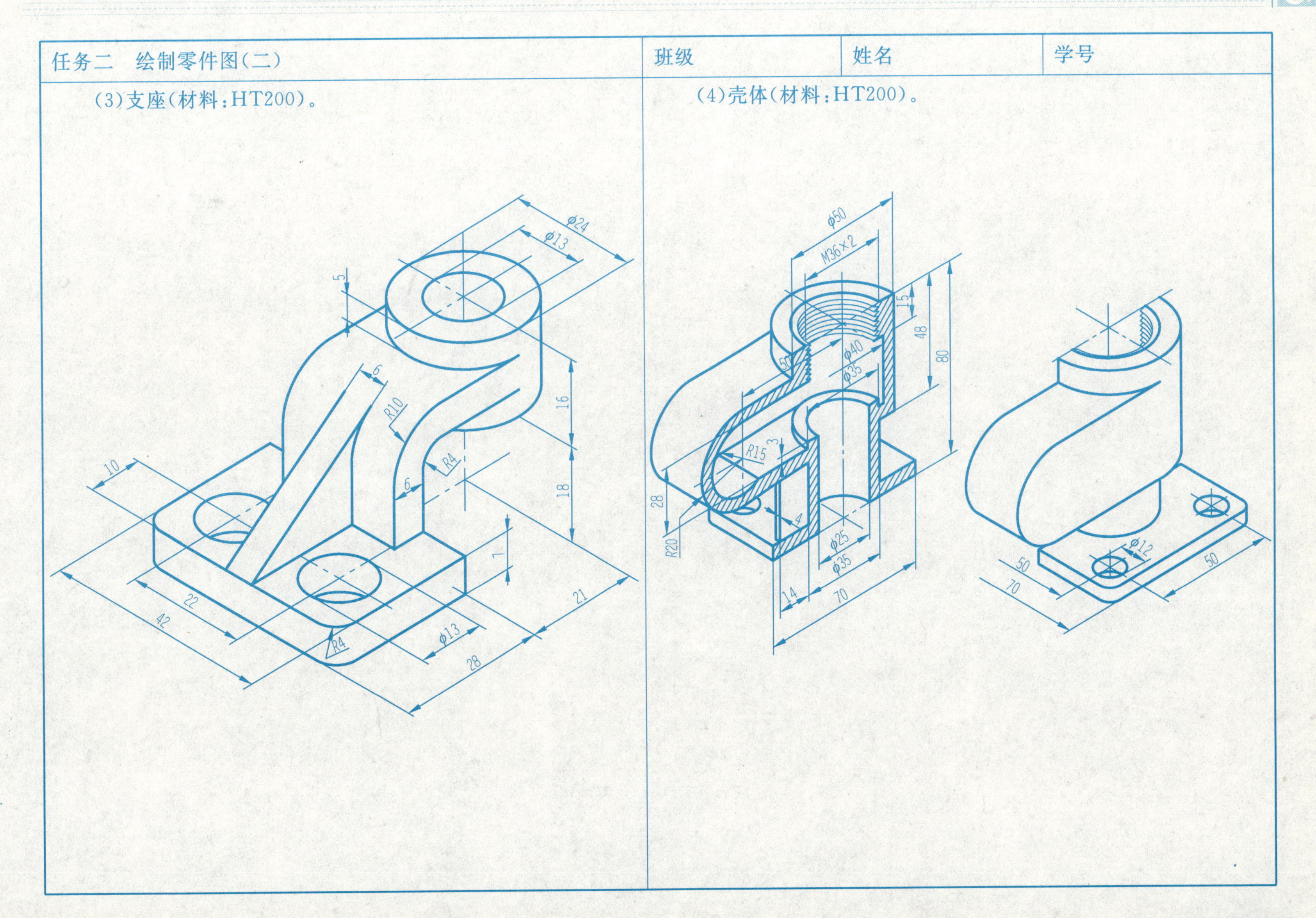

任务三　读零件图(一)	班级	姓名	学号

1. 读懂轴承盖零件图，并画出其仰视图 B 和 A 向视图。

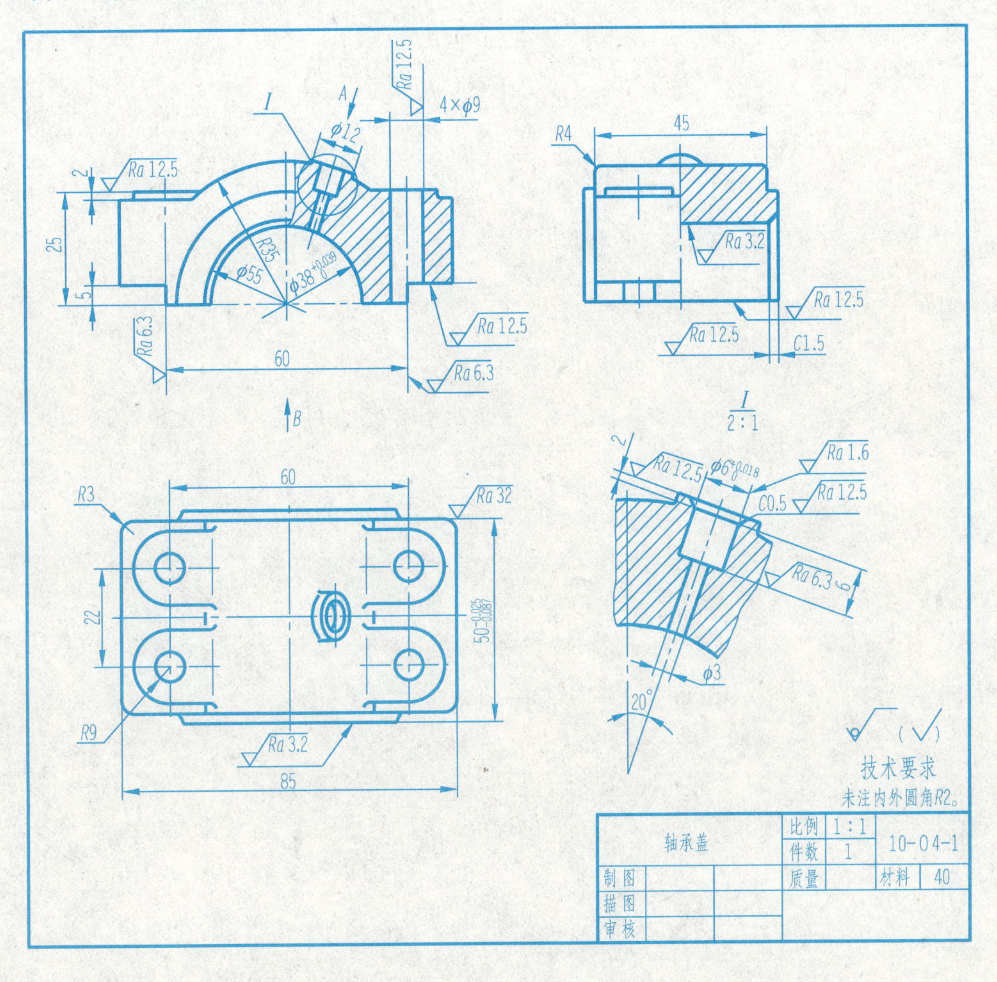

任务三　读零件图(二)	班级	姓名	学号

B　　　　A

任务三 读零件图(三)	班级	姓名	学号

2. 读懂壳体零件图,并画出主视图的外形图和右视图。

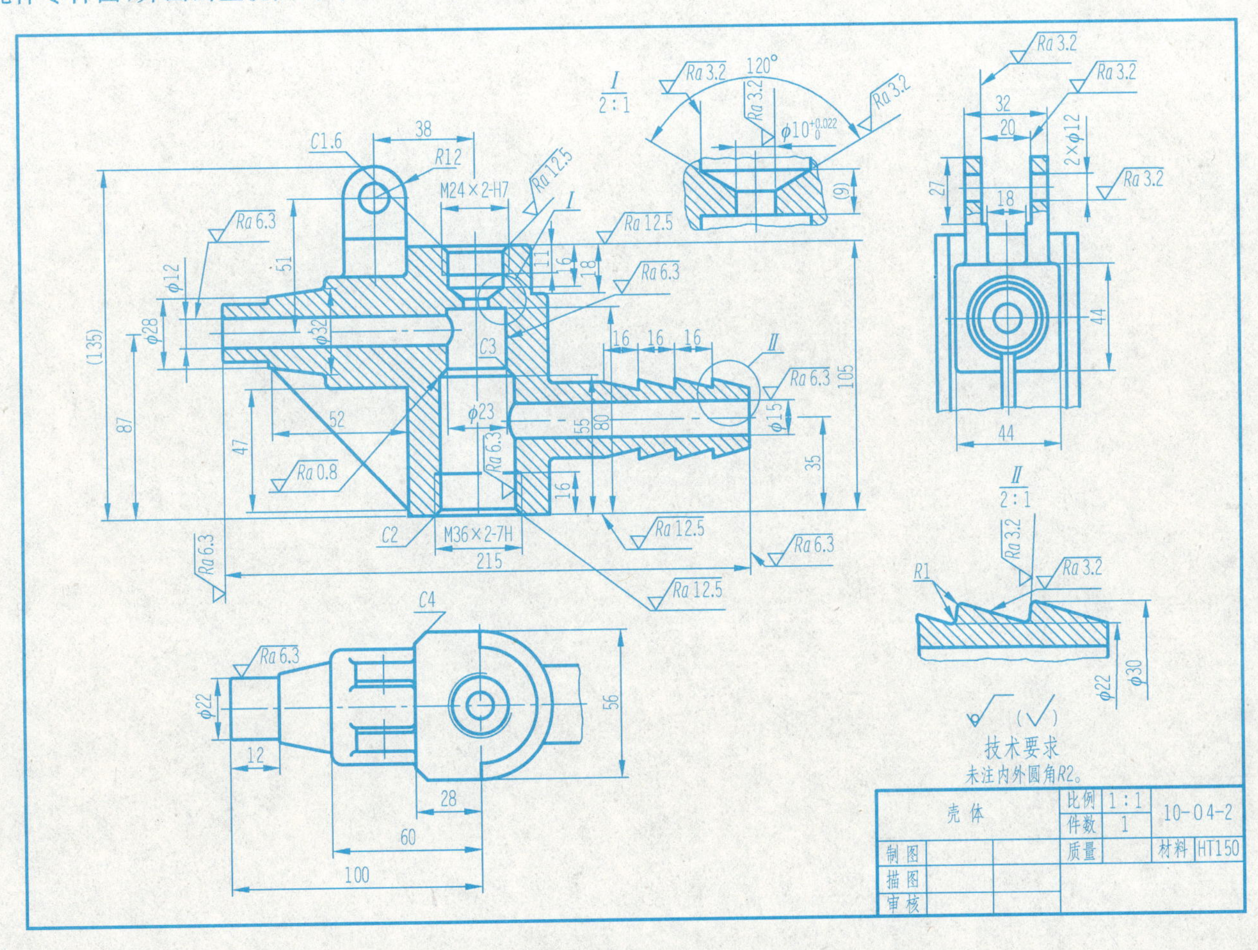

任务三 读零件图(四)	班级	姓名	学号

主视图

右视图

模块十一 装 配 图

任务一 由零件图画装配图(一)	班级	姓名	学号

1. 在 A3 图纸上画出虎钳装配图。

工作原理：虎钳安装在工作台上，用来夹紧被加工的零件。转动螺杆 2，带动活动钳口 3 左右运动，以放松、夹紧工件。无头螺钉 4 可防止螺杆 2 与钳口脱离。

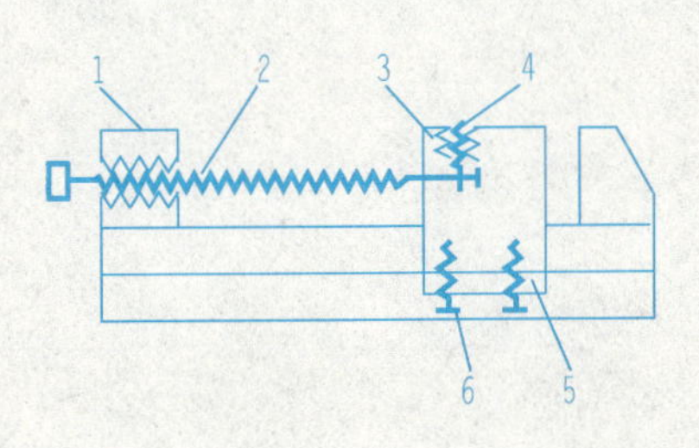

序号	代号	名称	数量	材料	备注
6	01-06	螺钉M4×16	2	Q235	GB/T 68
5	01-05	底板	1	Q235	
4	01-04	无头螺钉	1	Q235	
3	01-03	活动钳口	1	HT200	
2	01-02	螺杆	1	45	
1	01-01	钳身	1	HT200	

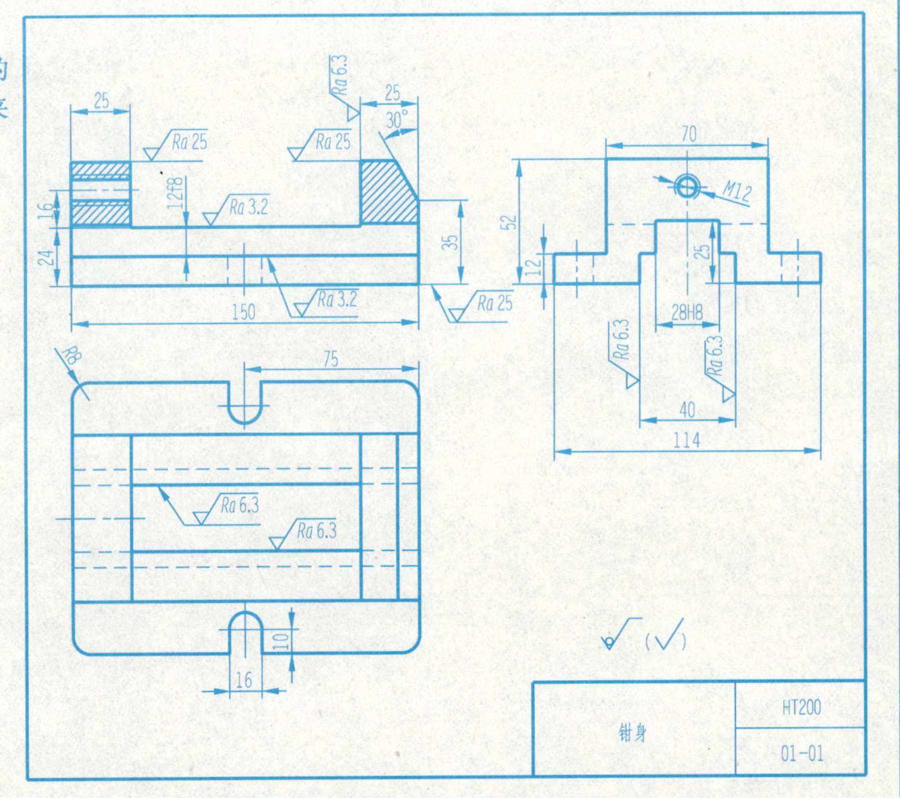

任务一　由零件图画装配图(二)	班级	姓名	学号

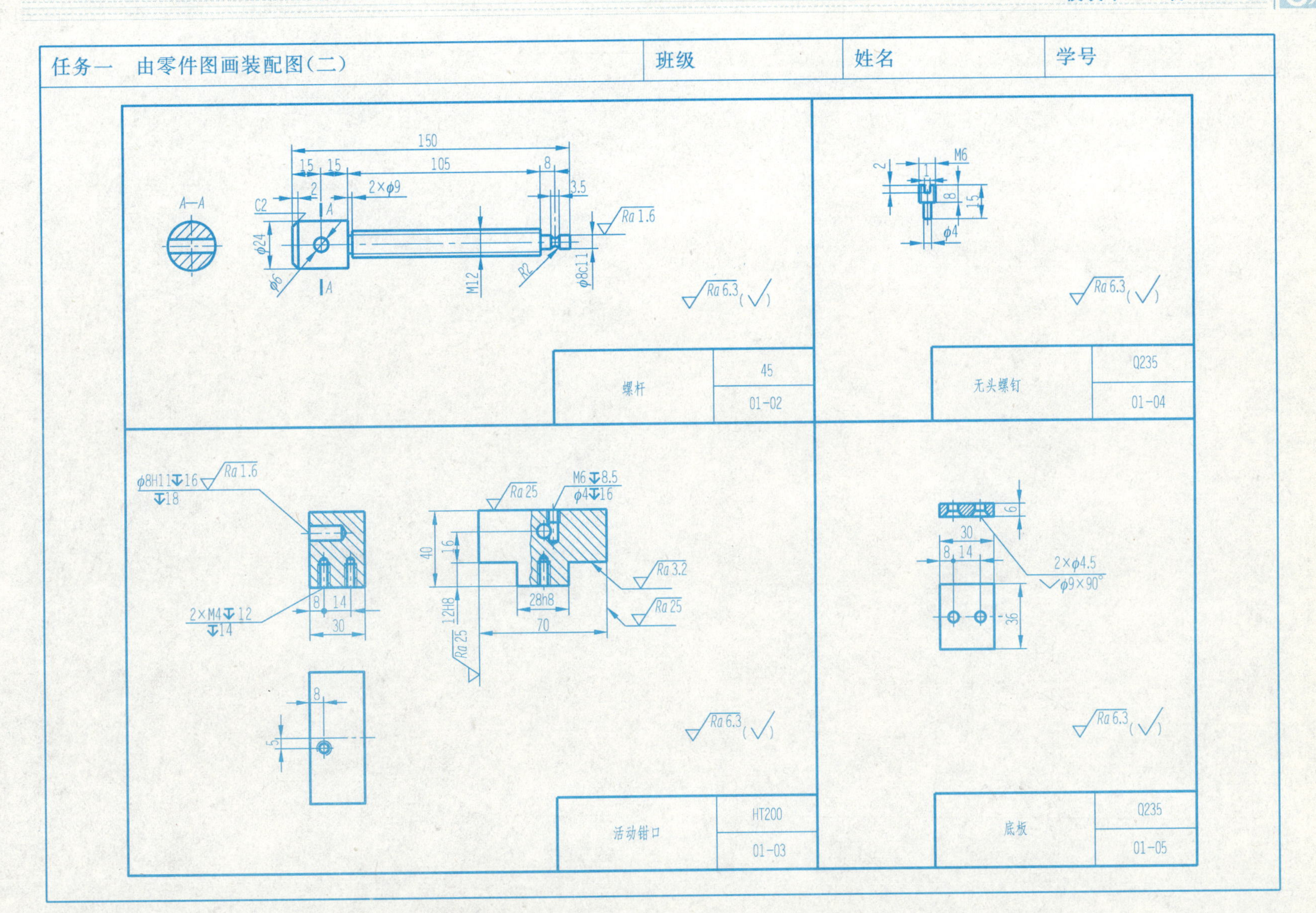

任务一　由零件图画装配图(三)	班级	姓名	学号

2. 在 A3 图纸上画出“弹性支承”装配图。

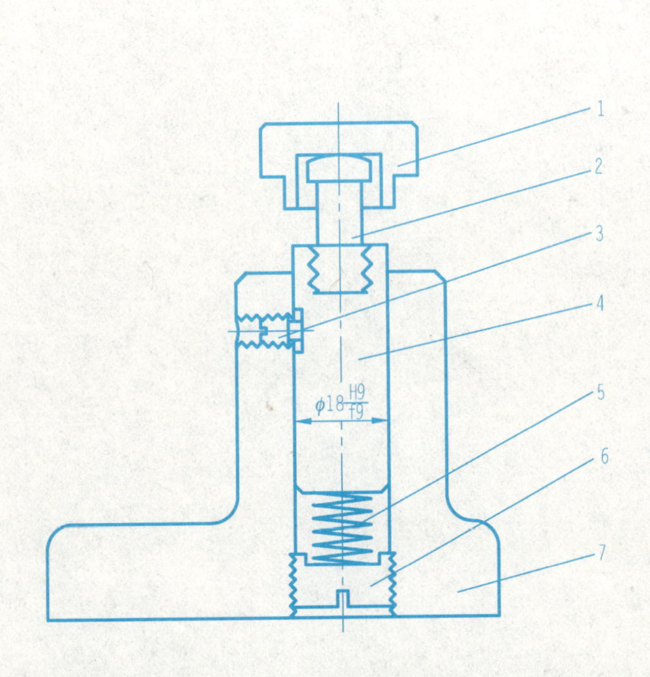

7	05-01-7	底座	1	HT200	
6	05-01-6	调整螺钉	1	35	
5	05-01-5	弹簧	1	65Mn	
4	05-01-4	支承柱	1	45	
3	05-01-3	螺钉M6	1	35	GB/T 75
2	05-01-2	顶丝	1	45	
1	05-01-1	支承帽	1	45	
序号	图号	名称	数量	材料	备注

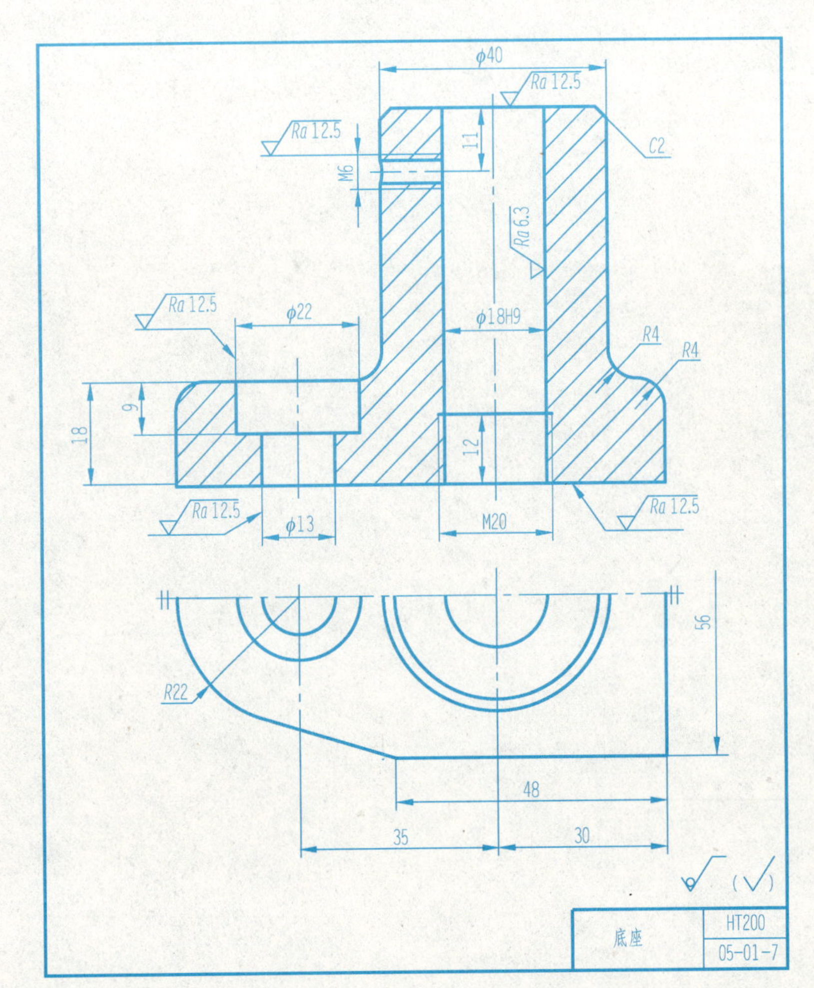

任务一　由零件图画装配图(四)　班级　姓名　学号

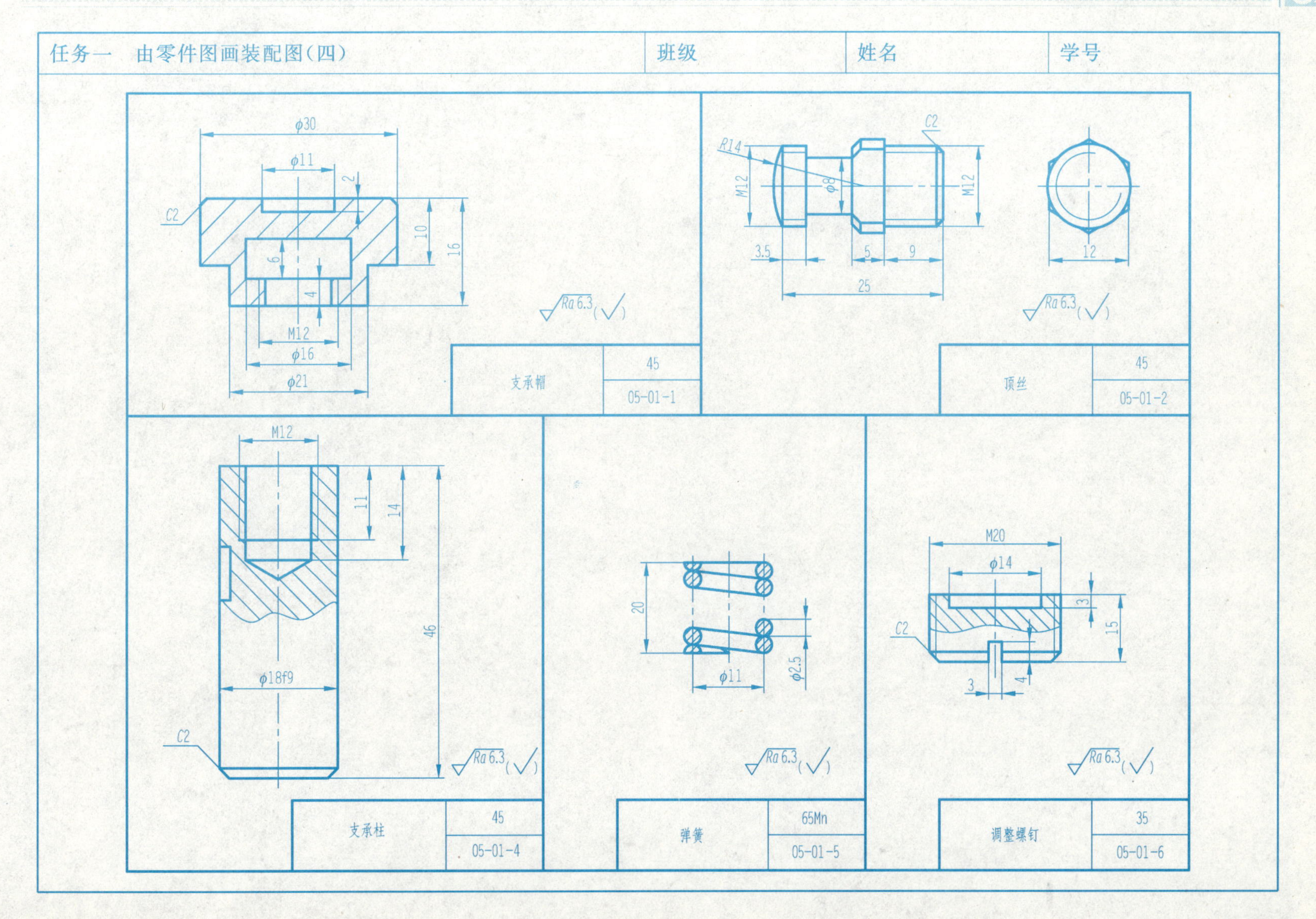

任务二　由装配图拆画零件图(一)	班级	姓名	学号

1. 读懂行程开关装配图,画出阀体 5 的零件工作图。

工作原理:二位三通行程开关是气动控制系统中的位置检测器,它能将机械运动转变为瞬时信号。在正常情况下,由于弹簧 6 的作用,阀芯 1 右端紧靠阀体 5,且有 O 型密封圈 4 密封,右边的气源孔与左边的发信孔隔离。工作时,阀芯 1 受外力的作用右移,从而打开了气源孔与发信孔的通道,发信孔便有信号输出。当外力消失后,由于弹簧的作用阀芯 1 复位,残留在阀体 5 左空腔中的气体可从发信孔左边的泄气孔中排出。

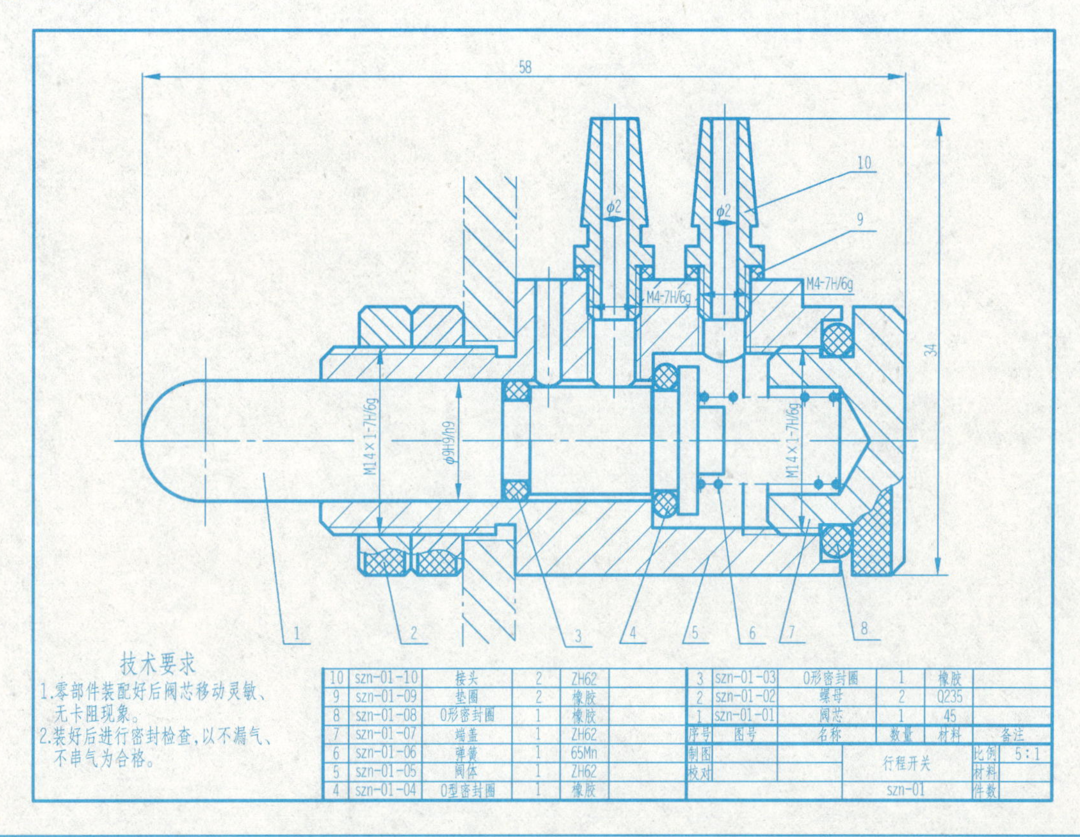

序号	图号	名称	数量	材料	备注
10	szn-01-10	接头	2	ZH62	
9	szn-01-09	垫圈	2	橡胶	
8	szn-01-08	O形密封圈	1	橡胶	
7	szn-01-07	端盖	1	ZH62	
6	szn-01-06	弹簧	1	65Mn	
5	szn-01-05	阀体	1	ZH62	
4	szn-01-04	O型密封圈	1	橡胶	
3	szn-01-03	O形密封圈	1	橡胶	
2	szn-01-02	螺母	2	Q235	
1	szn-01-01	阀芯	1	45	

制图			行程开关	比例	5:1
校对				材料	
			szn-01	件数	

任务二　由装配图拆画零件图(二)	班级	姓名	学号

2. 读懂球阀装配图，画出阀体 11 的零件工作图。

工作原理：该球阀是用于石油管路系统中的一个部件。在图示位置，阀门处于开启状态，管路左右相通。将扳手 1 旋转 90°，通过阀杆 4 带动球 9 也旋转 90°，这时阀门关闭，球中的孔与左右管路不通。

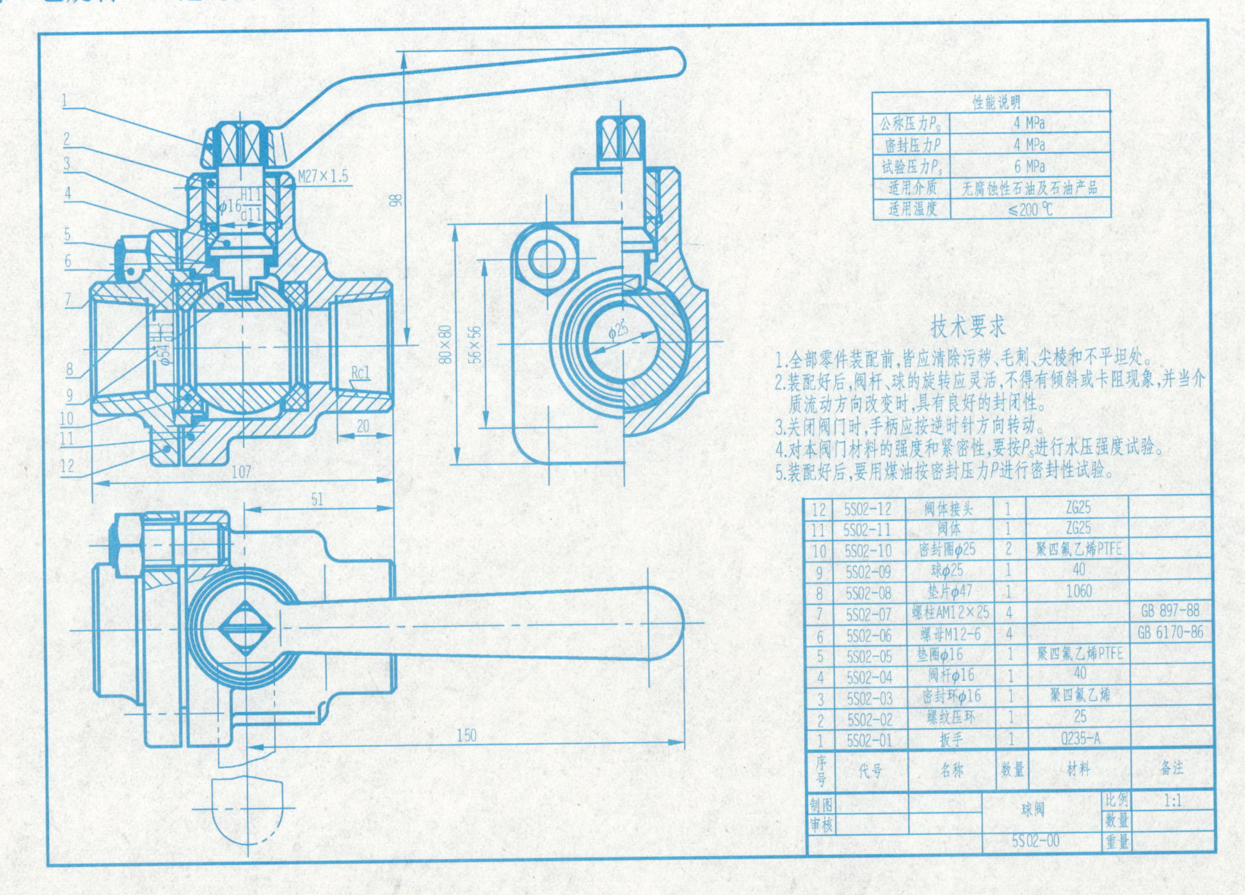

性能说明	
公称压力P_g	4 MPa
密封压力P	4 MPa
试验压力P_s	6 MPa
适用介质	无腐蚀性石油及石油产品
适用温度	≤200 ℃

序号	代号	名称	数量	材料	备注
12	5S02-12	阀体接头	1	ZG25	
11	5S02-11	阀体	1	ZG25	
10	5S02-10	密封圈φ25	2	聚四氟乙烯PTFE	
9	5S02-09	球φ25	1	40	
8	5S02-08	垫片φ47	1	1060	
7	5S02-07	螺柱AM12×25	4		GB 897-88
6	5S02-06	螺母M12-6	4		GB 6170-86
5	5S02-05	垫圈φ16	1	聚四氟乙烯PTFE	
4	5S02-04	阀杆φ16	1	40	
3	5S02-03	密封环φ16	1	聚四氟乙烯	
2	5S02-02	螺纹压环	1	25	
1	5S02-01	扳手	1	Q235-A	

制图			球阀	比例	1:1
审核				数量	
			5S02-00	重量	

模块十二　计算机绘图基础

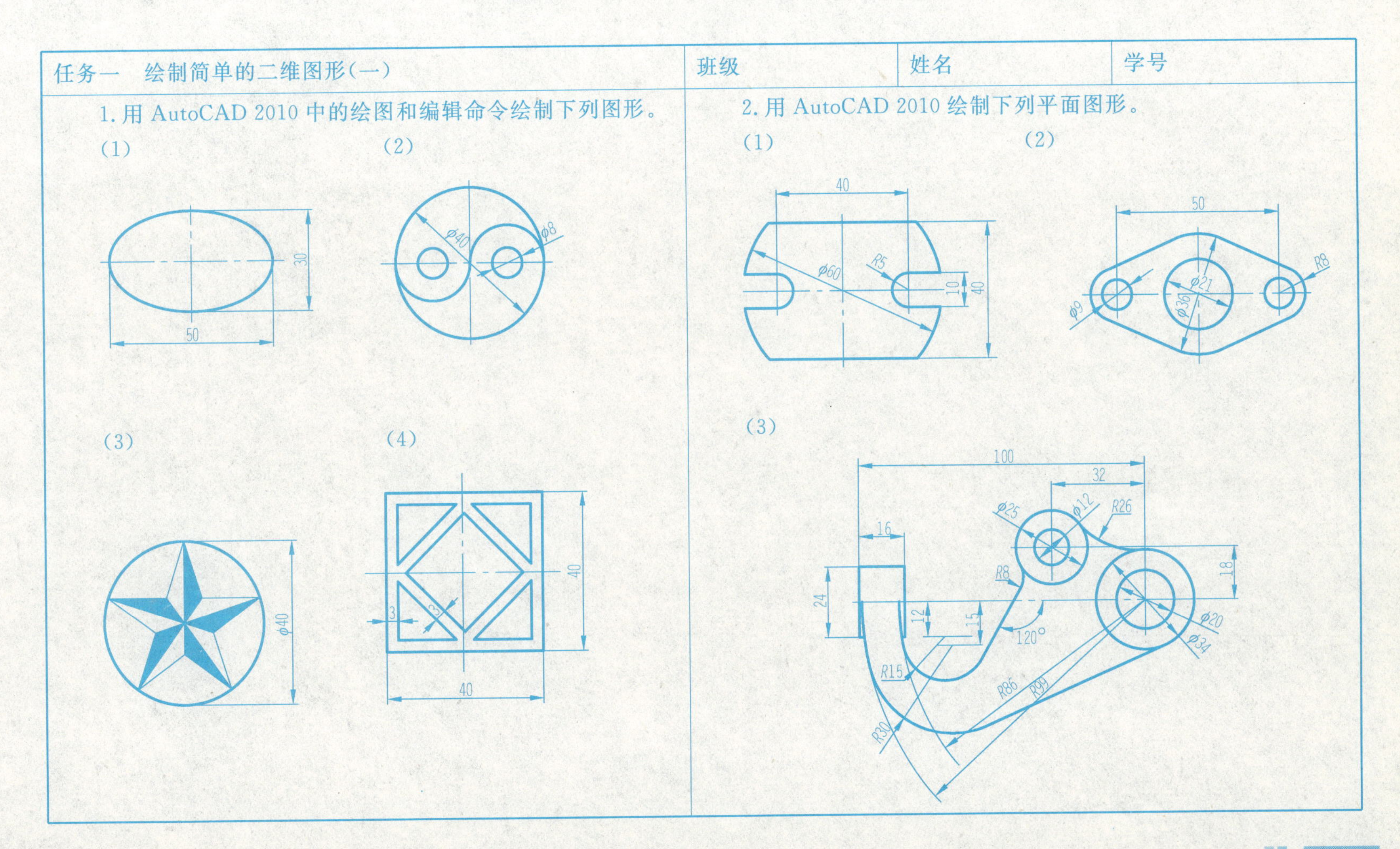

任务一　绘制简单的二维图形（二）	班级	姓名	学号

（4）

（5）

3. 用 AutoCAD 2010 绘制下列组合体视图并标注尺寸。

（1）

（2）

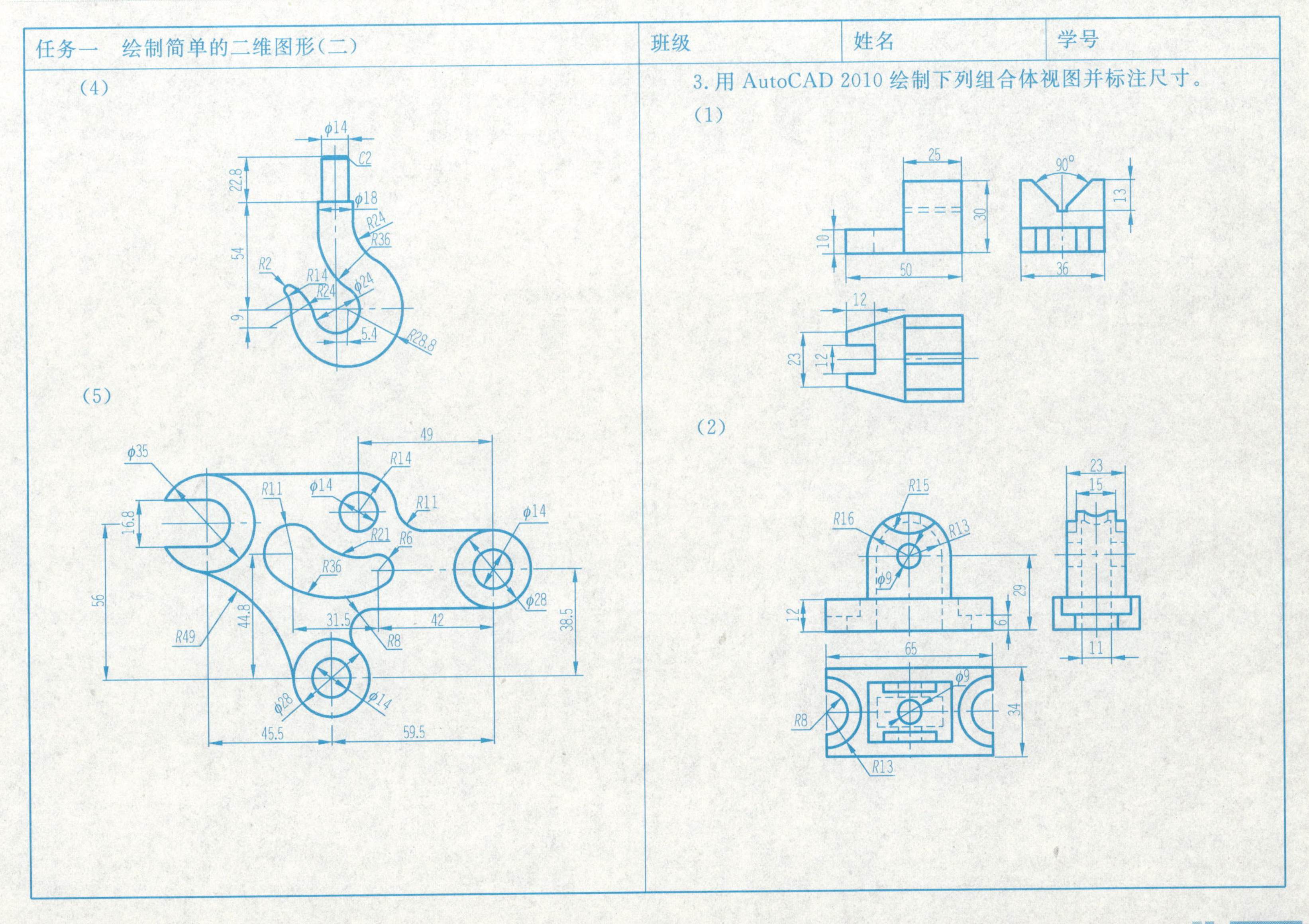

任务二 绘制装配图	班级	姓名	学号

用 AutoCAD 2010 绘制装配图“阀”。

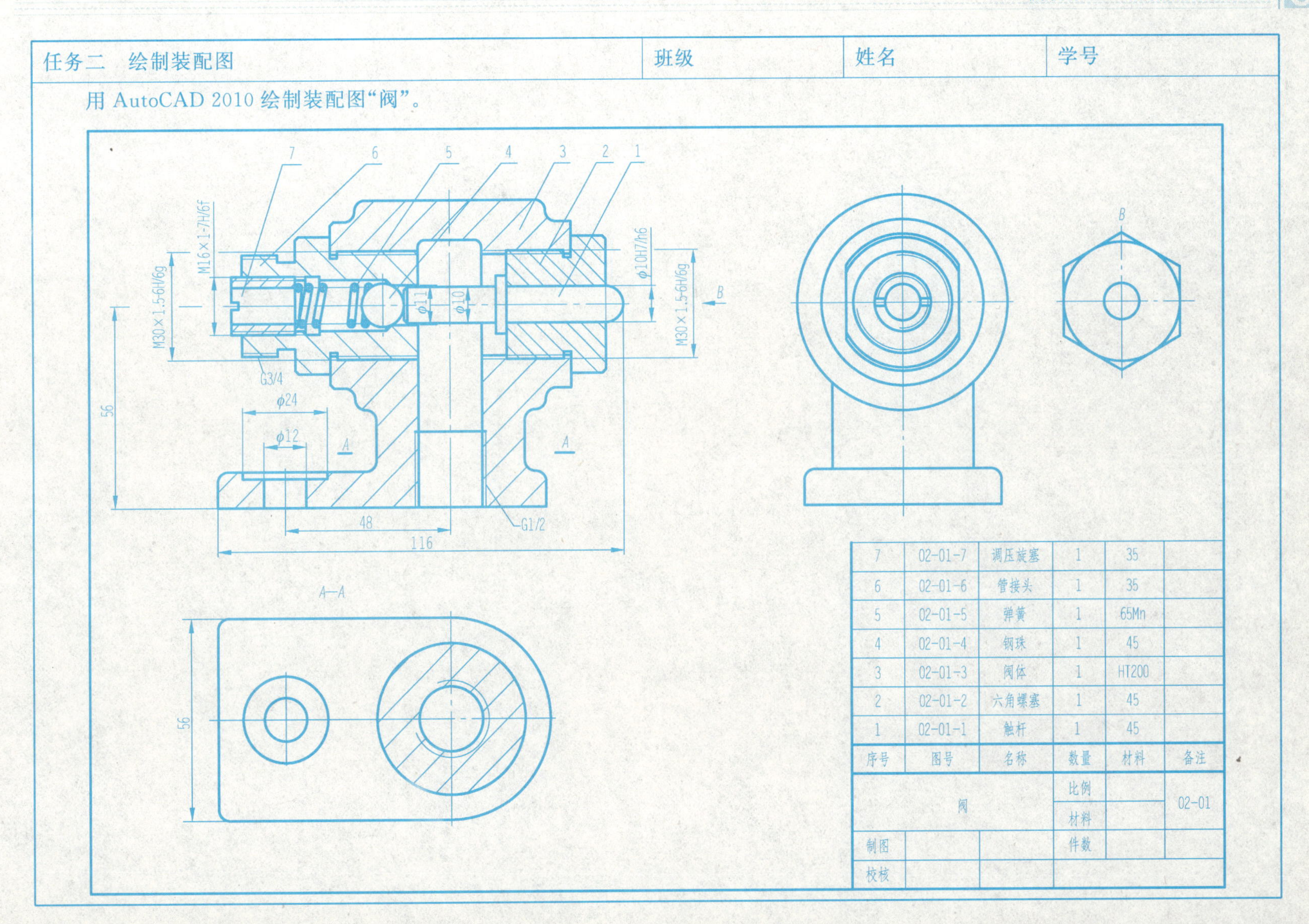

7	02-01-7	调压旋塞	1	35	
6	02-01-6	管接头	1	35	
5	02-01-5	弹簧	1	65Mn	
4	02-01-4	钢珠	1	45	
3	02-01-3	阀体	1	HT200	
2	02-01-2	六角螺塞	1	45	
1	02-01-1	触杆	1	45	
序号	图号	名称	数量	材料	备注
阀			比例		02-01
			材料		
制图			件数		
校核					

参考文献

[1] 钟家麒. 工程图学习题集[M]. 北京:高等教育出版社,2006.

[2] 大连理工大学工程图学教研室. 机械制图习题集[M]. 5版. 北京:高等教育出版社,2007.

[3] 王飞,刘晓杰. 现代工程图学习题集[M]. 北京:北京邮电大学出版社,2006.

教师服务登记表

尊敬的老师：

您好！

感谢您选用我们的《机械制图习题集》教材。

为加强与高校教师的联系与沟通，更好地提供服务，请您协助填写此表，以便我们及时为您寄送最新的图书出版信息，尽可能为您的教学及著作出版等提供帮助。同时，欢迎您对我们的教材及服务提出宝贵的意见和建议，对您的支持及帮助致以诚挚的谢意！

通信地址：北京市海淀区昆明湖南路9号云航大厦二层　100195

华腾教育教材中心

E-mail：gaozhigaozhuan@huatengedu.com

※ 基本信息

姓名：________ 职称：________ 联系电话：________ E-mail：________

学校：________ 学院/系别：________

通信地址：________ 邮编：________

※ 授课情况及使用的教材

1. 教授课程：________ 学生人数/学期：________ 开课时间：□春 □秋

现在使用的教材：________ 作者：________ 出版社：________

2. 教授课程：________ 学生人数/学期：________ 开课时间：□春 □秋

现在使用的教材：________ 作者：________ 出版社：________

※ 您对本教材有何意见或建议？

※ 您认为同类教材中哪些比较优秀？它们各有什么优点？

※ 您是否计划或正在编著教材？

教学服务说明

为建设立体化精品教材，支持相应课程的教学，欢迎广大教师登录华腾教育网(www. huatengedu. com. cn)获取更多教学资源。同时，我们制作了与教材配套的教学资料包(光盘)，免费提供给采用本书作为教材的教师。

教学资料包内容丰富，具体包含以下栏目：

- **教学参考** 包含课程说明、教学大纲、教学重难点、课时安排等
- **教学课件** 与教材配套的教学课件
- **教学资源推荐** 包含推荐阅读材料、推荐网络资源、教材内容扩充等

为保证该教学资料包仅为教师获得，烦请授课教师通过以下方式获取：

方式一：网站下载。请授课教师登录华腾教育网(www. huatengedu. com. cn)，注册之后即可下载。

方式二：邮寄。请授课教师填写如下开课证明并邮寄给我们，我们将及时为您寄送。

通信地址：北京市海淀区昆明湖南路 9 号云航大厦二层　　100195

华腾教育教材中心

证　　明

兹证明______________大学______________院/系第_____学年开设的_____________课程，采用华腾教育的______________作为本课程教材，授课教师为__________。

地址：__________________　　邮编：__________________

电话：__________________　　E-mail：________________

院/系主任：________(签字)

(院/系办公室盖章)

____年___月___日